ナマケモノは、なぜ怠けるのか？

生き物の個性と進化のふしぎ

稲垣栄洋 Inagaki Hidehiro

★──ちくまプリマー新書

425

目次＊Contents

イラスト●安賀裕子

はじめに

世の中には、つまらないと思える生き物がたくさんいる。
「つまらない」とは「取るに足らない」とか「心ひかれない」とかを意味する。

たとえばカタツムリがそうだ。
カタツムリは、動きがのろい。
見た目もカッコいいとは言い難い。

本当につまらない生き物である。

ところが、である。
あろうことか、私の勤める大学のシンボルはカタツムリである。

他にもっと強そうな生き物や、かっこいい生き物はいくらでもいるのに、よりによって、どうしてカタツムリだったのだろう。

何でも、学問というものは、一足飛びに行くものではなく、ゆっくりと確実に歩むべきものだということを表わしているらしい。そして、カタツムリが通った後は、キラキラと輝く道ができる。それが、後進のために道を作るという意味もあるという。

カタツムリのようにつまらない生き物であっても、見方によっては、立派な物言いができるものだ。

確かに、古今東西には、カタツムリに優れた点を見出した言葉もある。

たとえば、民俗学の祖と呼ばれる柳田国男は、カタツムリの全国の方言名を調べたことで知られている。その彼もまた、学問をカタツムリにたとえている。

「角を出さなければ前途を見ることもできず、したがってまた進み栄えることができない。

角は出すべきものである。そうして学問がまたこれとよく似ている」

こうして前途を見据えながら、確実に歩んでいくカタツムリを称えているのである。

また、非暴力を信念としてインドを独立に導いたマハトマ・ガンジーは、「善いことはカタツムリの速度で動く」という言葉を残している。

速ければ良いというものではないのだ。


カタツムリが「つまらない」など、とんでもない話だ。


考えてみれば、カタツムリはすごい生き物である。

何しろカタツムリは、海に棲む貝の仲間である。その貝が海から陸へと進出しているのである。

私たち脊椎動物の進化を語るとき、海の中にいた魚類が両生類へと進化を遂げ、陸上に進出をしたことは、大きなドラマとして語られる。水中にいた脊椎動物が、陸上へ進出するのは、簡単なことではなかった。

何しろ、水中生活から陸上の生活にシフトするためには、いくつかの課題をクリアしなければならないのだ。

まずは、水中では浮力があるが、陸上では自らの体重を支えなければならない。脊椎動物で言えば、強靭（きょうじん）な骨格を進化させる必要があったのだ。

次には、陸上での移動手段である。水に浮けば、わずかな力で移動することができる。が、陸上では自分の力だけで移動しなければならない。脊椎動物についていえば、ヒレから足という進化が必要になったのである。

そして、呼吸方法の問題もある。陸上に進出するためには、エラ呼吸に代わる新しい仕組みを身につける必要があるのだ。

脊椎動物の場合は、水中での浮遊に使っていた浮き袋を肺に進化させることによって、この問題を克服した。こうして脊椎動物は、ついに陸上への進出を果たすのである。

脊椎動物にとって、陸上への進出は簡単なことではなかったのだ。

ところが、である。

カタツムリは貝の仲間なのに、当たり前のように陸上に進出している。

私たち脊椎動物は、陸上へ進出するために、「エラ呼吸」から「肺呼吸」という大きな転換を必要とした。

それなのに、カタツムリは当たり前のように肺呼吸を獲得している。

いったいカタツムリがどのように進化を遂げたかは謎に包まれているのだ。

人間の知識の及ばない進化を実現しているのである。

カタツムリは、すごい進化を遂げているのだ。


カタツムリがすごいことはわかったが、それでも世の中には、一見つまらないと思える生き物がたくさんいる。

そんなつまらない生き物にも、すごいことなどあるのだろうか。

つまらない生き物は、やっぱりつまらない存在なのではないだろうか。

本書では、そんな「つまらない」生き物を、トコトン紹介したいと思う。

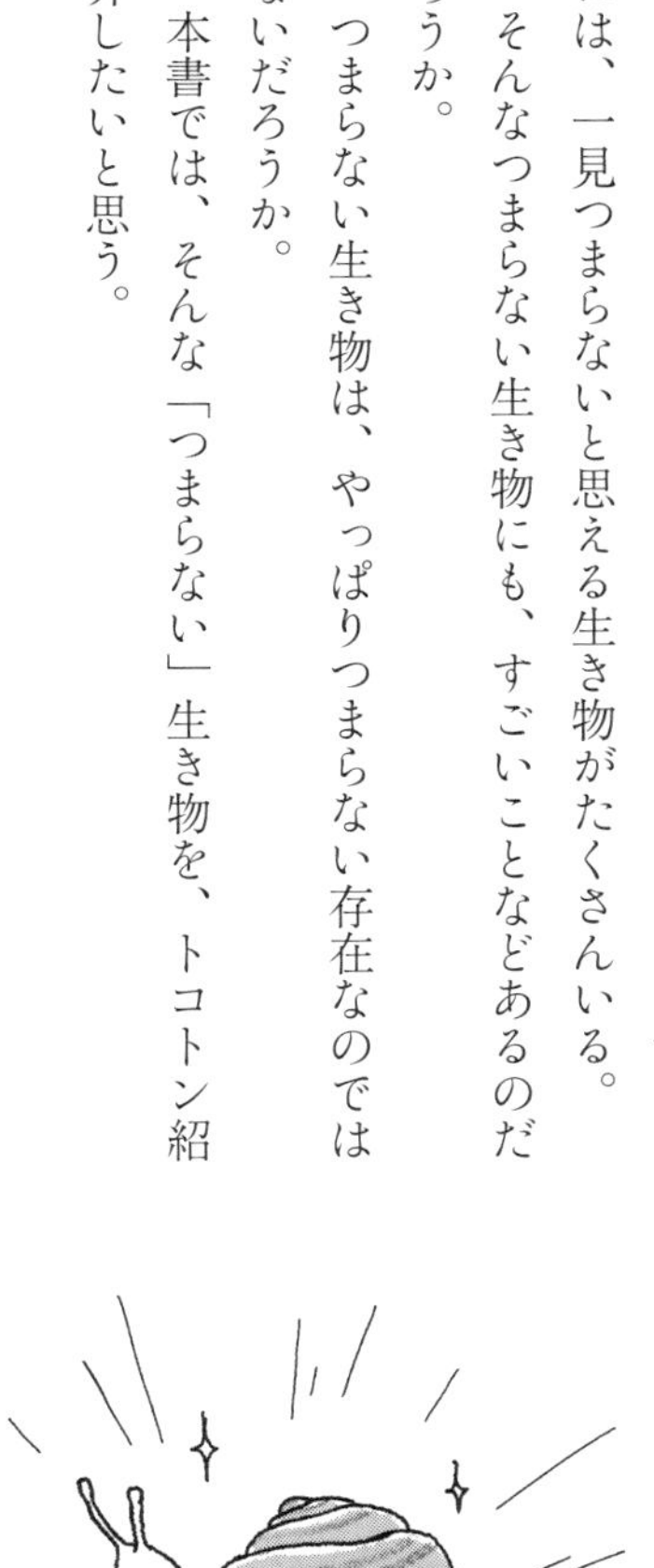

ナメクジ

「はじめに」で紹介したカタツムリは、かわいいイラストに描かれたり、マスコットにデザインされたりする。「つまらない」と書いたが、何だかんだ言っても、カタツムリは愛される人気者なのだ。

これに対して、ナメクジは嫌われている。

ナメクジがかわいいイラストやマスコットになることはほとんどない。それどころか、見つかると塩をかけられるのが、ナメクジの宿命だ。

ナメクジは、何とつまらない生き物なのだろう。

神さまはどうして、こんなつまらない生き物をお創りになったのだろう。

それにしても、殻があるかないかだけの違いなのに、どうしてナメクジは、こんなに嫌われるのだろう。

そもそも、殻のあるカタツムリと殻のないナメクジは、どちらがより進化した形なのだろう。

私たち脊椎動物は、体の中に堅い骨がある。一方、昆虫やカニのように体の外側を堅い殻で覆う生き物もいる。

貝の仲間は体がやわらかい軟体動物である。そのため貝殻で身を守る必要があるのだ。ところが、軟体動物は進化の過程で、貝殻を脱ぎ捨てるものもいる。

たとえば恐竜の時代に海に生息していたアンモナイトは、イカやタコの仲間である。アンモナイトは巻き貝のような殻を持ち、身を守る。

しかし、イカやタコは、進化する過程で殻を脱ぎ捨てた。そして、自由自在にすばやく泳いだり、岩陰に身を隠したりすることを可能にしたのである。

イカやタコは殻を脱ぐことで進化を遂げたのだ。

一般的には、殻がなくなることは「退化」と呼ばれるが、退化することもまた進化である。

たとえば、人間はサルから進化する過程で、しっぽが退化している。

必要ないから失くすこともまた、進化なのである。

それでは、ナメクジはどうだろう。

ナメクジもまた、殻を失っている。つまり、カタツムリよりも殻のないナメクジの方が、より進化した形なのである。

しかし、カタツムリにとって殻は身を隠すための大切なものである。

それなのにナメクジは、どうして殻を失ったのだろう。

カタツムリの殻は、自分の身を隠すような大きなものだ。この殻を作るためには、相当のエネルギーを必要とする。

さらに、カタツムリの殻を作るには、炭酸カルシウムが必要となる。

もともとカタツムリの祖先は、海に棲(す)む巻き貝だったと考えられている。炭酸カルシウムは、海の中には豊富にあるが、陸上で炭酸カルシウムを得ることは簡単ではない。

よく雨上がりに、カタツムリがブロック塀に集まっているのを見かけるが、それはブロック塀をかじって、炭酸カルシウムを摂取しているのである。

殻を持つことは、簡単なことではないのだ。

一方、ナメクジは殻を持たないから、殻を作るためのエネルギーを使って、早く成長をすることができる。しかも、殻を持たないので、狭い場所にも入っていくことができる。こうして、狭い場所に隠れることで、身を守ることができるのだ。

自由自在に動くことができるナメクジは、わずかなすき間から家の中に入ってくることもある。ナメクジが嫌われるのは、それが理由でもあるのだろう。

さらに炭酸カルシウムを摂取する必要がないので、エサも選ばない。どのような場所でも生きていくことができるのである。

まさに殻を捨てたことで、自由を手にしたのだ。


そうだとすると、不思議なことがある。

そんなにメリットがあるなら、どうして他のカタツムリたちは、殻を脱ぎ捨てないのだろうか。


殻は邪魔なこともあるが、便利なこともある。

たとえば、捕食者から身を守ることができるから、狭いところに隠れていなくても、広々とした場所に出て行くこともできる。あるいは乾燥からも身を守ることができる。殻を持たないナメクジがじめじめした場所にしか生息できないことと比べると、比較的、乾燥した場所でも生息可能なのだ。

カタツムリとナメクジを比べると、ナメクジの方が進化した形である。

しかし、カタツムリにはカタツムリの強さがあり、ナメクジにはナメクジの強さがある。だからこそ、自然界にはカタツムリもナメクジも存在しているのだ。

だからね、殻のあるカタツムリも殻のないナメクジも、そのままでいいんだよ。

ヘビ

ヘビは嫌われ者である。

ヘビを怖がる人は多い。

人間は本能的にヘビを怖がるという性質が身についているとも考えられている。

本当だろうか。

いずれにしても、手も足もないのに、にょろにょろと近づいてくるヘビは、人間にとってはじつに奇妙であるし、恐怖でもある。

やっぱりヘビは嫌われ者なのだ。

神さまはどうして、こんな嫌われ者の生き物をお創りになったのだろう。

ヘビの祖先も、後述するがカメの祖先と同じように、恐竜時代の終わり頃の地層から発見されている。

つまり、ヘビもまた、カメと同じように恐竜が絶滅したような地球環境の変化を乗り越えたのだ。

もっとも恐竜時代のヘビの祖先の化石には、後ろ足があったらしい。やがて後ろ足も退化し、現在のような手も足もない姿になったのだ。

「手も足も出ない」という言葉があるが、ヘビには本当に手も足もない。

そもそも、手も足もないのに、ヘビはどうやって前へ進むのだろう。

ヘビは体をくねらせながら、前へ進んでいく。これが「蛇行」である。

ヘビのお腹には突起のようなものがあり、スキー板のエッジのように地面をとらえて滑らないようにする。そして、体を前に押し出していくのである。

これを繰り返すのが、くねくねとしながら進む蛇行である。

しかし、相当巧みに体を動かさなければならない。ヘビは見つかると、意外と速いスピードで草陰に逃げ込んでいくが、こんな複雑な仕組みをスピーディーに行なっているのである。

こんな複雑な動きを身につけるくらいなら、トカゲのように四本足で移動した方が簡単そうである。

どうしてヘビには手足がないのだろう。

ヘビに手足がない理由については、必ずしも十分には明らかにされていない。ただし、ヘビはかつて土の中で生活をしており、穴の中で移動しやすいように手や足が退化したと考えられている。

いずれにしても、ヘビは手足がないのではない。手足が邪魔だから捨て去ったのだ。

ヘビは独自のスタイルで最先端の進化を遂げた生き物なのである。

人間は道に落ちているロープをヘビと見間違えて、恐れおののくことがある。細長いものはヘビ、と思われるほど、シンボライズされた存在なのだ。まさに余分なものを削ぎ落したシンプルで洗練されたデザインなのである。

人間は本能的にヘビを恐れる。ヘビを知らない赤ちゃんもヘビに恐怖を抱くと言われている。ヘビは手足がなくても、木に登ることができる。人間が昔サルだった頃、木の上にやってくる天敵はヘビだけであった。一説によるとそれが人間がヘビを怖がる理由であるとも言われている。手足をなくした代わりに、すごい存在感を手に入れたのだ。

だからね、手足のないヘビも、そのままでいいんだよ。

アホウドリ

その鳥は「アホウ」と言われている。

アホウとは、「愚か」であることを意味する言葉である。

関西では、「アホやな」というように、アホを軽い意味でも使う。「アホみたいにすごい」というような使い方をすることさえある。「バカ」という言葉は、あまり使わない。「バカ」という言葉を使うときは本当に侮辱するときである。

一方、関東では「バカ」という言葉をよく使う。軽い気持ちで「バカみたい」と言うし、「バカすごい」と褒め言葉に使うことさえある。

これに対して、関東では「アホ」は、あまり使われないため、本当に侮辱するときに使う言葉になっている。

アホウドリは、どうだろう。

もっとも、アホウドリは別名を「バカドリ」という。どちらにしても、バカにされているのだ。なぜそんな名前がつくことになってしまったのだろう。

神さまはどうして、こんなバカにされる生き物をお創りになったのだろう。

ゴルフは、ボールを打って、カップと呼ばれる穴に、いかに少ない打数で入れられるかを競い合うゲームである。

それぞれのコースには、ボールをカップに入れる基準となる打数が決められている。たとえば、四打でカップに入れるコースは、「パー4」と言う。そして、基準の四打でカップインした場合を「パー」と呼ぶ。

さらに基準の四打よりも、一打少なくカップインすることができた場合は、「バーディ」と呼ばれる。バーディは「小鳥」という意味である。

稀（まれ）に、基準よりも二打少なくカップインすることもある。これは「イーグル」と呼ばれている。イーグルは、ワシのことである。小鳥よりもずっと飛ぶ力があることから、ワシと呼ばれているのだ。

ところが、ごくごく稀に基準よりも三打少なくカップインすることがある。

パー4のコースは、二打でカップのあるグリーンと呼ばれる場所まで届くことを想定していることから、パー4のコースを一打で入れることは不可能である。

ただし、ロングコースと呼ばれるパー5のコースがある。パー5のコースは三打でグリーンに届くように想定されている。このロングコースは、ボールをものすごく飛ばすことができれば二打でグリーンに届くことがある。そして、この二打目が直接カップに入れば、三打少なくカップインすることができるのだ。

これはとても難しいことである。プロのゴルファーでも、滅多に経験できないほどだ。パー3のコースを一打で入れることは、ホールインワンと呼ばれる。しかし、ホールインワンは基準より二打、少ないだけである。三打少なくカップインすることは、ホールインワンよりも、はるかに難しいことなのだ。

何より、三打少なくするためには、相当、遠くまでボールを飛ばすことが条件となる。

この奇跡のような出来事には、どのような鳥の名前がつけられているだろうか。

二打少ない場合は、小鳥よりもはるかに優れたワシの名がつけられていた。

ということは、さらに難しい三打少ない場合は、もっともっと優れた鳥の名前がつけられているはずである。

皆さんなら、どんな鳥の名前をつけるだろうか。

じつは、三打少ない場合は、「アルバトロス」と言う。

驚くことにアルバトロスは、「アホウドリ」という意味である。

もっとも難易度の高い優れた成績にアホウドリの名がつけられているのだ。

どうしてワシよりもはるかに優れた鳥としてアホウドリが選ばれたのだろうか。

じつは、アホウドリは、飛翔能力に優れている。

アホウドリは、風を読み、風を利用する能力に長けており、大きな翼を広げて、グライダーのように巧みに風に乗る。そして、風の力を利用して遠くまで飛ぶことができるのだ。

この遠くまで飛ぶ能力から、イーグルよりもはるかに難しい成績にアルバトロスの名がつけられているのだ。

アホウドリは、一万キロ以上も休まず飛ぶことができるというから、すごい。

しかし、不思議なことがある。

アホウドリはこんなにすごい鳥なのに、どうして「アホウ」と呼ばれているのだろう。

じつは、アホウドリには欠点がある。

アホウドリは、高い飛行能力を持っている。そのため、その体も飛行性能を高めるように、洗練されたデザインに進化しているのだ。

ところが、そのせいでアホウドリは飛ぶこと以外は苦手である。

何しろ、飛ぶのはいいが、上手に着陸することさえできない。着陸というよりは、地面に墜落するように降りてくる。さらには、地面の上を上手に歩くことができない。

そのため、逃げることもできず、人間たちに簡単につかまってしまう。「アホウ」と呼ばれることになった理由である。

アホウドリの見事な滑空を見れば、そんな名前はつけられることはなかっただろう。

人間というものは、その生物の本当のすごさを知ることもなく、ほんの一面だけ見て名前をつけてしまうものなのである。

「アホウ」と名付けた人は、アホウドリのことはまるでわかっていなかったに違いない。

だからね、何と呼ばれようとアホウドリも、そのままでいいんだよ。

ブタ

「ブタ」と言われて、うれしい人はいないだろう。

「ブタ」は専ら悪口に使われる。

ブタは汚い！　ブタは太っている！

「このブタ野郎」などと言われれば、これ以上ない屈辱だ。

それどころか、「ブタ！」というだけで、これは立派な悪口である。

ブタは本当にブタ野郎だ。


神さまはどうして、こんな見下される生き物をお創りになったのだろう。

ブタは太っている？


そんなのはウソである。

ブタの体脂肪率は一五パーセントである。これはやせた男性くらいの体脂肪率だ。人間の場合は、男性よりも女性の方が体脂肪率は高い。ブタの体脂肪率は、細身の女性モデルよりは、ずっと低い体脂肪率である。

この数字は、イヌやネコと比べても低い。

ブタの体は、思っているよりもずっと筋肉質である。ブタは時速四〇キロメートルで走ることができると言われている。これは一〇〇メートルを九秒で走る速さである。

人間の一〇〇メートルの世界記録を上回る速さだ。

ブタが太っているというのは、とんでもない話だったのである。「ブタ野郎」という言葉は、本当は「ブタみたいに痩せている」という意味が正しいのだろう。

また、ブタはきれい好きな動物として知られている。

特に、用を足す場所と、エサ場と、寝床をいっしょにすることがない。そして、トイレの場所を決めるとトイレ以外で用を足すことはない。エサ場や寝床を汚さないためである。

もし、養豚場が汚れて汚い場所になっていたとしたら、それはブタのせいではなく、人間のせいなのだ。

それだけではない。

ブタはとても、頭が良い動物であると言われている。

研究者によれば、ブタは脳が発達しており、人間の三歳児レベルの知能があることが

明らかにされている。その知能は、イヌやイルカよりも高く、チンパンジーと同程度であるというからすごい。

何とすばらしい生き物だろう。太っているように見えるブタは富のシンボルとされていて、実は世界中で幸運を運ぶ動物とされている。

思い出してほしい。そういえばブタは貯金箱のデザインに用いられ、富をたくわえているのだ。

もう「ブタ野郎」は褒め言葉でしかない。

だからね、悪口を言われるブタも、そのままでいいんだよ。

ミミズ

ミミズは何か気持ち悪い。

手足もなく、頭がどこかもわからず、ただ、ニョロニョロ動き回る。

唱歌「手のひらを太陽に」の中には、こんな歌詞がある。

「みみずだって　おけらだって　あめんぼだって　みんなみんな　生きているんだ　友だちなんだ」

ミミズも、私たちと同じように生命を持つ存在である。

しかし、よくよく考えてみれば、「みみずだって」と歌われているくらいだから、ミミズはずいぶんと下に見られた存在だ。


神さまはどうして、こんなおぼつかない生き物をお創りになったのだろう。


「進化論」で有名な自然学者のチャールズ・ダーウィンは、ミミズを四〇年にもわたって研究をしている。そして、こう結論づけた。

「ミミズは、世界の歴史の中で、人々が思っているよりもずっと重要な役割を果たしてきた」

ミミズは土の中の有機物を食べる。そして、有機物を分解し、糞として排泄していく。この行動によって、有機物が分解されるのだ。

生態系は、植物を草食の生物が食べて、草食の生物を肉食の動物が食べる。たとえば、アフリカのサバンナであれば、草をシマウマが食べ、そのシマウマをライオンが食べる。身近な場所では、草をバッタが食べ、そのバッタをカマキリが食べる。カマキリをクモや鳥が食べることがあるかもしれない。こうして、食う食われる関係によって生態系が築かれている。

しかし、シマウマもライオンもバッタもカマキリも、最後には死ぬ。植物も最後には枯れる。生き物の体は有機物から作られている。動物の死がいは、さまざまな生き物たちによって有機物にまで分解される。そして、この有機物を分解するのがミミズなのだ。

ミミズが有機物を分解することによって、土が豊かになっていくのだ。

いや、それは正確ではない。

土は石や砂と違い、温かくてやわらかい感じがする。じつは土は生物の体が分解した有機物から作られる。

つまり、ミミズは土を作っているのだ。

ミミズが土を作り、土を豊かにすることによって、植物がまた育つことができる。そして、その植物を草食の生物が食べて、食う食われるの食物連鎖につながっていく。

もし、ミミズがいなければこの循環は回ることがない。生き物たちのつながりは、ミミズによって繰り返される。そのためミミズは生態系の循環を回す「生態系のエンジニア」と呼ばれている。

ミミズが英語で何と呼ばれているか知っているだろうか。

ミミズは英語で「アースワーム」という。

これは、直訳すると「地球の虫」という意味だ。ミミズは地球を耕しているのだ。

だからね、ニョロニョロしているミミズも、そのままでいいんだよ。

イモムシ

私は、イモムシが嫌いである。

何しろプニプニしている感じが何とも気持ち悪い。

しかも彼らは逃げることを知らない。のんびり歩いているから、誤って踏んでしまうこともある。

どうして、この世にイモムシなど存在しているのだろう。

イモムシは、チョウやガの幼虫である。チョウは美しい姿なのに、イモムシは醜い。

チョウの子どもなのだとしたら、小さなチョウのように、もう少し美しい姿で生まれてくれば良いのではないだろうか。

神さまはどうして、こんな醜い生き物をお創りになったのだろう。

昆虫は六本脚で翅（はね）が生えているのが特徴である。

だから八本脚で翅がないクモは、昆虫には分類されないのだ。

しかし、イモムシには翅がない。その代わり、イモムシには、たくさん脚がある。

もっともイモムシも、実際の脚は六本で、残りは「腹脚」と呼ばれる器官であるらしい。しかし、器官の名前はともかく、腹脚で歩いたり、枝をつかんだりしているのだから、見た目はもう脚でしかない。

イモムシは、チョウやガの幼虫であるが、優雅に飛ぶチョウやガと、ただ、這（は）い回るイモムシでは、見た目が違いすぎる。

イモムシのように、昆虫は、大人である成虫と、子どもである幼虫とで、姿が大きく異なることが多い。どうして、同じ生物なのに、姿が異なるのだろう。

昆虫は、成虫と幼虫の役割を明確に分けている。

昆虫の成虫は、翅で移動をする。そして新しい場所を訪ね、分布を広げて行く。また、翅があることで、他の個体と出会うチャンスも増える。こうして、昆虫の成虫はオスとメスとが出会い、そして子孫を残すのである。

これに対して、イモムシなどは、飛ぶことはおろか速く走ることさえできない。新しい出会いのチャンスを増やす必要がないからだ。

それでは、そんな幼虫の役割とはどのようなものだろうか。

たとえば、イモムシは、ただ葉っぱを食べているだけである。何の役割もないような気がする。

しかし、そうではない。

昆虫の幼虫は、成虫になることが仕事である。

生物は成長する力を持っているから、何もしなくても大人になることはできる。しかし、昆虫は大人になると成長することができない。成長することができるのは、幼虫の時代だけなのだ。

そして、幼虫の時代に食べたものが、成虫になるための体を作る。

たくさん食べた幼虫は、より大きな成虫になることができる。エサが足りないと、十分に成長をすることができない。だから、イモムシたちは、毎日毎日、食べ続けるのだ。

幼虫の時代は、昆虫にとってとても大切な時期である。

やがてイモムシたちは、サナギになる。サナギはほとんど動かない。エサを食べることもない。外から見たら、まるで成長しているようには見えない。しかし、サナギの中では、幼虫から成虫への大きな変化が起こっている。

チョウにとっては、イモムシの時代も、サナギの時代も、それぞれ欠かすことのできない大切なものなのだ。

そして、イモムシとサナギとチョウは、まったく違う存在だ。

イモムシには、イモムシの役割があり、サナギにはサナギの役割がある。早くチョウになる必要はない。イモムシの時代は、しっかりとイモムシであることが大切である。そして、サナギの時代は、しっかりとサナギとして過ごすことが必要なのである。

昆虫にとって幼虫と成虫は、まったく別の存在である。
大人は、大きな子どもではない。そして、子どもは小さな大人ではないのだ。
だからね、チョウと見た目が違っても、イモムシも、そのままでいいんだよ。

ダンゴムシ

ダンゴムシは、子どもたちにとって身近な生物である。

ダンゴムシは「まる虫」とも呼ばれている。

子どもたちがつつくと、ダンゴムシは丸くなる。

そのため、だんご虫とか、まる虫とか言われているのだ。

きれいな球体になるので、転がすとコロコロと転がる。

丸まった姿は、小さな子どもたちにもつかまえやすいので、子どもたちの恰好(かっこう)のおもちゃになっている。

そして、つかまえられて、集められて、転がされているのだ。

神さまはどうして、こんなささえない生き物をお創りになったのだろう。

はるか昔。

それは、恐竜がいた時代よりも、はるか昔の話である。

五億年以上も昔の古生代の地球では、多種多様な生物たちが著しい進化を遂げていた。生物たちの種類が爆発的に増加したこの現象は、「カンブリアの大爆発」と呼ばれている。

ところが、である。

この時代に繁栄した多くの生物は、古生代末期に突如として姿を消してしまう。これがペルム紀末期（二億五一〇〇万年前頃）の大量絶滅である。

この大量絶滅は、恐竜が絶滅した白亜紀末期の大量絶滅を上回るもので、地球上の九〇パーセントもの生物が死に絶えたとされている。

いったい何が起こったというのだろう。

ベルム紀末期の大量絶滅の原因は、未だ謎に包まれている。

一説には大規模な火山活動があったのではないかと言われているし、恐竜が絶滅したときと同じように小惑星が地球に衝突したのではないかとも言われている。

古生代の海で、もっとも繁栄した生物は三葉虫である。

残念ながら、三葉虫もまたこの大量絶滅で姿を消してしまった。

しかし、この三葉虫が私たちのすぐそばで、命をつないでいる。

それが、ダンゴムシである。

ダンゴムシは三葉虫の仲間から進化を遂げたとされている。

そう言えば、ダンゴムシは三葉虫とよく似ている。

多くの生き物が滅んだベルム紀の大量絶滅も、恐竜さえ絶滅した白亜紀の大量絶滅も乗り越えて、果てしない地球の歴史を生き抜いてきたのだ。

ダンゴムシはじつに進化した虫である。

何しろ、祖先の三葉虫は海の中に暮らしていたが、ダンゴムシは見事に陸上に進出した。ダンゴムシや三葉虫は甲殻類と呼ばれている。これは、カニやエビの仲間である。

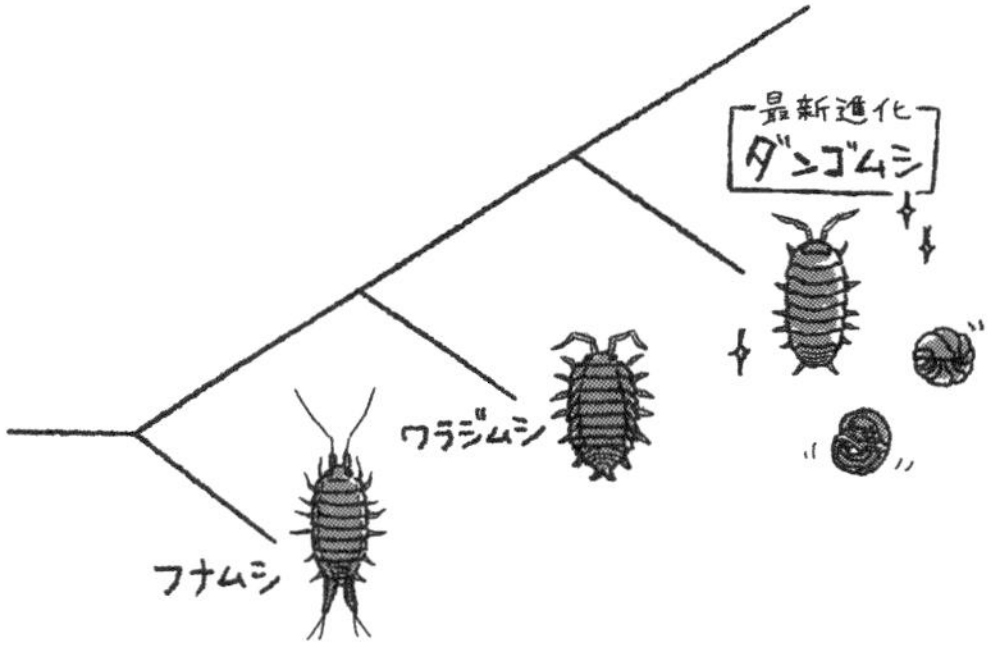

　カニやエビなどの甲殻類は、ほとんどが今も水の中か水辺で暮らしている。甲殻類の中でダンゴムシほど陸上生活に適応したものはいないのである。

　私たち人類も魚類から両生類、爬虫類、哺乳類へと進化をしたが、魚類から両生類へと陸上生活に適応するときには、海から川へと進入し、川から湿地へと上陸を果たしたとされている。そのため、カエルやサンショウウオなど両生類は淡水の環境で見られる。

　また、昆虫の仲間も淡水の湿地に暮らしていた節足動物が陸上へと進出して昆虫へと進化した。そのため、地球上には多くの昆虫が繁栄しているが、海水に暮らす昆虫はほとんどいないのである。

　脊椎動物も昆虫も、川や湿地など淡水の環境に適応し、次第に浅いところに棲むようになって、やがて陸に進出をした。海から陸へと進出することは簡単ではなかったのだ。

ところがダンゴムシは、海から直接、陸地へと進出を果たしたと考えられている。ダンゴムシの仲間にはフナムシやワラジムシがいるが、フナムシは波しぶきのかかる磯などに見られる。そしてワラジムシは陸上をすみかとしているが、湿った場所を好む。ダンゴムシはフナムシの仲間からワラジムシの仲間に進化し、さらに乾燥地帯に適応して進化を遂げたと考えられているのだ。

ダンゴムシが丸くなるのは、敵から身を守るだけでなく、むしろ乾燥から身を守るという役割がある。背中の堅い装甲も、水分が蒸発するのを防ぐために発達したものなのである。

ダンゴムシは五億年の進化の最新形なのだ。

だからね、丸まっているダンゴムシも、そのままでいいんだよ。

ナマケモノ

その名もナマケモノという生き物がいる。

「ナマケモノ」の名はあだ名ではない。「ナマケモノ」が正式な名前である。

ナマケモノは「怠け者」という意味である。怠けているように見えることから、ナマケモノと名付けられたのだ。

ナマケモノは、ほとんど動かない。一日中寝てばかりいる。

動くときも、その動きはゆっくりである。

エサを食べに行くときも、面倒くさそうにゆっくりと移動して、ゆっくりとエサを食べる。

まさに、怠け者だ。

神さまはどうして、こんな愚鈍な生き物をお創りになったのだろう。

そもそも、どうしてすばやく動かなければいけないのだろう。

ただすばやく動いても、エネルギーを無駄に消費するだけである。

実際に動きのすばやいネズミなどは、エネルギーを確保するために、常にエサを探し回り続けなければならない。

一方のナマケモノはどうだろう。

ほとんどエネルギーを消費しないので、エサも少しでいい。

ナマケモノが食べるのは植物の葉っぱである。植物の葉っぱは、栄養が少ないので、葉っぱだけで栄養を得ようとすると、大量に食べなければならない。

草原のウシやウマが大量に草を食べるのは、草だけを食べてエネルギーを確保しなければならないからだ。

しかしナマケモノは、エネルギーは少しでいいので、葉っぱを少しだけ食べればいい。

一回に数グラム程度、食事の頻度も少なく、ウシの一〇〇〇分の一ほどの量だ。

とっても、省エネな生き方なのだ。

それだけではない。

私たち人間は体温が三六度くらいある。暑い日も寒い日も、同じくらいの体温である。この体温を維持するためにも、エネルギーを使う。ところが、ナマケモノは違う。無理に体温を維持しないので、無駄にエネルギーを使うことがないのだ。

しかし動物が速く動くのは、肉食の天敵から逃れるという意味もある。速く走ることができないと、肉食動物にやられてしまうのではないだろうか。実際にナマケモノが棲む中央アメリカや南アメリカには、ピューマやジャガーなどの猛獣が暮らしている。ナマケモノは大丈夫なのだろうか。

肉食動物の動きを察知すると、動物たちは一目散に逃げる。そのため、肉食動物の目は、動くものに反応するようになっている。そして逃げ出した動物たちを追いかけるのだ。

ところが、ナマケモノはほとんど動かない。

そのため、動くものを探す肉食動物の目には、木立(こだち)の中で動かないナマケモノは目に入らないのだ。

しかもナマケモノは、あまりに動かないので、体に緑色のコケが生えてしまうことがあるという。このコケが、カモフラージュしてナマケモノを見えにくくするのに役立っているというから、すごい。

こうしてナマケモノは身を守っている。

かつて、一万年ほど昔には、メガテリウムという巨大なナマケモノの仲間が地球に君臨していたという。その大きさは全長六〜八メートル、体重は三トンにもなるというから、かなり巨大だ。まさに、最強の哺乳類だったのである。もちろん、メガテリウムは怠け者ではない。おそらくは、活発に行動し、巨体を維持するために、エサもたくさん食べて、敵に襲われれば敢然と戦ったことだろう。

しかし、そんな無敵な強さを誇った巨大なナマケモノが滅んでしまった。

そして、動きのゆっくりなナマケモノが生き残ったのである。

進化は生き残ったものが勝者である。そうだとすれば、のろまなナマケモノが勝利したのだ。

ナマケモノのスローな動きは、まさに勝ち抜くための戦略である。

もし、ナマケモノがすばやく動こうとしていたら、滅んでしまっていたことだろう。のんびりなナマケモノはとても優れた生き物だったのだ。

だからね、寝てばかりいるナマケモノも、そのままでいいんだよ。

スローロリス

スローロリスのエサは、動き回る昆虫である。

昆虫をエサにする動物は大変である。

すばやく動く昆虫をつかまえるためには、相当のスピードでつかまえなければならない。しかし、昆虫もつかまって食べられたくないから、さらにすばやく動くように進化を遂げる。そんな昆虫をつかまえるためには、動物の方もさらにスピードアップしなければならない。

まさに終わりなきスピード競争だ。

その結果、すばやく動く昆虫とすばやく動く動物が、共に進化を遂げてきたのだ。

それでも、すばやく動く昆虫をつかまえるのは、簡単なことではない。

それなのに、昆虫をエサにするはずのスローロリスは、すばやく動くことができない。その名のとおり、動きがスローなのである。

神さまはどうして、こんなふしぎな生き物をお創りになったのだろう。

すばやく動く昆虫を捕らえるには、すばやく動かなければならない。

しかし、スピードアップにも限界がある。

そこで、スローロリスが考えた戦略はこうだ。

「動きが見えないくらいスピードを遅くする」

昆虫は敵からすばやく逃げなければならない。

そのため、すばやく動くものに敏感だ。どんなにすばやく襲いかかっても、その動きを察知して逃げてしまう。すばやく逃げる昆虫を捕らえることは簡単ではないのだ。

昆虫は動くものに敏感な一方、動かないものに対しては鈍感である。

そのため、ゆっくりとゆっくりと近づけば、昆虫に気がつかれることなく捕らえることができるのである。

「スピード」に対抗するもっとも強力な手段は、「のろさ」だったのだ。

まさに逆転の発想である。

つまり、その「のろさ」こそがスローロリスの武器なのだ。

思い出すのは、横浜ベイスターズの、三浦大輔元投手だ。

舞台は、選り抜きの選手がそろうオールスターゲーム。相手はその後、大リーグで活躍することになる大谷翔平選手だ。大谷選手は球界最速の一六〇キロメートルを超えるスピードボールを投げる。そして、大谷選手は投手だけではなく、バッターとしても強打者である。「この大谷選手をバッターに迎えて、三浦選手はどのようなボールを投げるだろう」と、誰もが息を飲んだ。

このとき三浦選手が投げたのが、計測不能なほど遅い超スローボールである。

スピードでは大谷選手にはかなわない、そうであるとすれば誰よりも遅いボールを投げようと考えたのだ。そしてその遅いボールで見事に大谷選手をピッチャーゴロに打ち取った。

スピードボールだけが誰にも負けないボールではない。誰よりも遅いボールを投げることも、誰にも負けないボールなのだ。

もちろん、誰よりも遅いボールを投げることも簡単なことではない。三浦選手はこの対戦のためにひそかに練習を積んでいたことは言うまでもない。

動きがスローであれば、肉食獣に見つかりにくいという利点もある。ただし、見つかったら一巻の終わりである。スローロリスは逃げることができないのだ。

スローロリスは、そのための準備も怠らない。じつは、スローロリスは肘(ひじ)の内側に毒腺を持つ。しかもその毒は唾液と混ざるとさらに強力になると言う。この毒で敵から身を守っているのである。

それだけではない。

毒ガエルや毛虫のように、毒を持つ生き物は、自分を目立たせるような色をしていることが多い。ふつうの生き物は目立たないようにして身を守っている。一方、毒を持つ生き物は、自らの存在を目立たせることで、誤って食べられることのないようにしているのである。

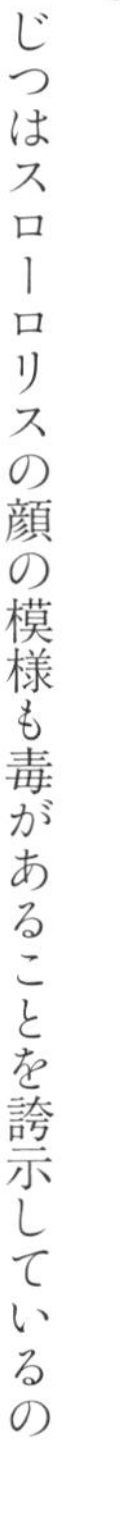

じつはスローロリスの顔の模様も毒があることを誇示しているの

ではないかと考えられている。

スローロリスにとって、スローであることは、武器である。

誰にも負けない「のろさ」こそが、誰にも負けない「強さ」なのだ。

他の生き物たちがスピードを競い合って進化すればするほど、その武器は輝きを増す。

何でも速ければいいというものではない。

スピードを競えばいいというわけではない。

だからね、動きのスローなスローロリスも、そのままでいいんだよ。

カメ

カメものろまな生き物である。

童謡「うさぎとかめ」でも、カメはこう歌われている。
「世界のうちで　おまえほど　あゆみののろいものはない
どうしてそんなにのろいのか」

同じ爬虫類のトカゲは、すばやく走ることができる。

それなのに、カメはどうしてそんなに、のろまなのだろうか？

どうして、速く走るような進化を遂げなかったのだろうか。


神さまはどうして、こんなのろまな生き物をお創りになったのだろう。


カメが、歩みがのろいのには、理由がある。

カメは体と一体化した甲羅を背負っている。そのため甲羅が邪魔をして、すばやく動くことができないのだ。

しかし、そもそも、どうしてすばやく動かなければならないのだろうか。

動物たちが速く動くのは、天敵から逃げるためである。カメは甲羅で身を守っている。甲羅で身を守っているのであれば、逃げる必要などないのだ。

カメは、「他の生き物たちは、どうしてあんなに急いで逃げなければならないのだろう？」と不思議に思っていることだろう。

それにしても、考えてみればカメの甲羅は不思議な存在である。

たとえば、貝やカタツムリの仲間は、殻で身を守っている。自分で殻を作ることができないヤドカリは、巻き貝の貝殻を探して、中に潜り込む。

しかし、カメは私たち人間と同じ脊椎動物である。カメの甲羅はどのようにして作られているのだろう。甲羅は何からできているのだろう。皮膚だろうか。それとも骨だろうか。

たとえば、アルマジロのように装甲で身を守る動物は、背中の皮膚を堅くしている。じつは、カメの甲羅がどのようにできているかは、ずっと謎であった。ところが、カメの甲羅は骨から作られていることがわかったのだ。

カメはあばら骨を発達させて、甲羅を作っている。

カメの祖先種の化石を見ると、最初はお腹側の甲羅が発達し、それが、背中側まで発達するようになり、身を守るような装甲が作られたらしい。

どうして腹側が最初に堅くなったのか、その理由は不明である。

考えてみれば、カメの仲間の化石は恐竜の時代から、発見される。

つまり、恐竜時代から生きていたのだ。そして、地球上に繁栄していた恐竜が滅んでも、カメは生き残った。

カメは相当に、すごい生き物なのだ。

だからね、歩みの遅いカメさんも、そのままでいいんだよ。

キーウィ

飛べない鳥は、飛べない代わりにさまざまな能力を持っている。

たとえば、ペンギンはものすごい速さで泳ぐことができる。ダチョウは、力強く大地を走ることができる。

それでは、キーウィはどうだろう。

キーウィは飛べない鳥である。翼は退化して、わずかな痕跡が残るだけだ。

しかも、キーウィはペンギンのように泳ぐこともできない。ダチョウのように力強く走ることもできない。ただ、地面の上を歩き回るだけだ。

キウイフルーツは、この鳥に似ていることから名付けられた。まるでフルーツのような丸く太った姿。それがキーウィなのだ。

神さまはどうして、こんな中途半端な生き物をお創りになったのだろう。

鳥は恐竜から進化したとされている。

小型の恐竜が翼を持つようになり、やがて空を飛ぶようになったのである。

最近の研究では、ティラノサウルスも羽毛を持っていたと言われている。しかし、ティラノサウルスは、翼を発達させることはなかった。むしろティラノサウルスの前脚は小さい。

翼を発達させたのは、小型の恐竜たちである。

地上にはティラノサウルスのような大型の恐竜がひしめいている。小型の恐竜に勝ち目はまったくない。

それならば、高い木の上で暮らすのはどうだろう。高い木の上であれば、大型の恐竜と争い合うことはないし、襲われて食べられてしまうこともない。

そこで小型の恐竜の中には、高い木の上で暮らすものが現われた。そして、木から木へと飛び移るうちに、便利な翼を発達させた。そして、やがて自由に大空を飛ぶことができるようになったのである。

こうして進化を遂げたのが鳥である。

鳥は大空を自由に飛び回る翼を手に入れた。

そのはずなのに、キーウィは飛ぶことができないのである。


キーウィは飛べない鳥である。


しかし、である。

そもそも、どうして飛ばなければならないのだろうか。

鳥は飛ぶのが当たり前のような気もするが、鳥にとっても「飛ぶ」という行為は思った以上にエネルギーを必要とする。

道路にいるカラスは車が近づいても、すぐには飛び立たずに、ぴょんぴょん跳ねながら逃げていく。公園のハトでさえ、追い立てても簡単には飛び立たずに、できるだけ走って逃げようとする。

飛ぶということは、エネルギーを消耗する行動である。鳥たちも、飛ばずにすむのであれば、できるだけ飛ぶことを避けたいのだ。

そういえば、もともと鳥の翼は、大型の恐竜から逃れるために発達したものだった。現在でも鳥の翼は、肉食動物などの捕食者から身を守るために機能している。

もちろん、「飛ぶ」ということは、敵から逃れるためだけのものではない。翼があれば、遠くまで移動することもできる。

しかし、どうだろう。

そうであるとすれば、敵から逃れる必要もなく、移動する必要もないような、居心地の良い場所であれば、無理に飛ぶ必要はないということになる。

キーウィは、天敵も存在せず、移動する必要もない居心地の良い楽園をすみかにする。

キーウィはニュージーランドに生息する鳥である。大陸から離れたニュージーランドは、大型の哺乳類が存在しなかった。キーウィを襲う肉食獣もいないし、キーウィとエサを奪い合うような動物もいない。そのため、キーウィは必要のなくなった翼を捨てて、飛ぶという無駄な能力もやめてしまった。

飛ばなくても良いから、飛ばない。ただ、それだけのことである。

鳥だから翼を持たなければいけないということはない。鳥だから飛ばなければいけないという決まりもない。

キーウィは飛べなくなったのではない。飛ばなくなっただけだ。

キーウィは飛べない鳥ではない。「飛ばない鳥」なのだ。

それだけではない。

それどころか、キーウィは、ペンギンのように水中にエサを求めたり、ダチョウのように力強く走る必要もない。

キーウィは、ありあまったエネルギーをどうしているのだろう。

じつは、キーウィは大きな卵を産む鳥として知られている。

もちろん、体の大きなダチョウの卵にはかなわないが、自分の体の大きさに対する割合では、世界でもっとも大きな卵を産む鳥である。

キーウィのメスは、自分の体の二割ほどもある巨大な卵を産むというから驚きである。

すべての生物にとって、もっとも大切なことは、子孫を残し、未来に命をつないでいくことである。そうだとすると、キーウィは生き物として、もっとも大切なことに投資をしていることになる。大きな卵から生まれた大きなヒナは、小さなヒナよりも生存率が高いのだ。

「鳥は飛ぶのが当たり前」ではない。「鳥は飛ぶべきである」も間違いである。人間が勝手に決めた枠組みの話に過ぎない。

鳥だって飛ぶ必要がなければ、飛ばなくたっていい。

本当は、飛ぶことよりも大切なことがある。

それが、「飛ばない鳥」、キーウィの生き方なのである。

だからね、翼のないキーウィも、そのままでいいんだよ。

モヤシ

「もやしっこ」という言葉がある。

色白で、ひょろひょろとしたひ弱な子どもは「もやしっこ」と呼ばれることがある。

確かにモヤシは、色が白くてひょろひょろと細長く伸びていく。いかにも弱々しい感じだ。

「もやし」は、植物の名前ではない。「もやし」は「萌やし」の意味である。植物の種類にかかわらず、種子から芽生えて「萌えて」いる状態のものが「モヤシ」なのである。

一般には、緑豆や大豆などの豆類を発芽させたものがモヤシとして売られている。

モヤシは、光を当てずに育てられる。そのため、ひ弱な感じでひょろひょろと成長をしているのだ。

神さまはどうして、こんなひ弱な生き物をお創りになったのだろう。

モヤシは、けっして弱々しいわけではない。

むしろ、モヤシの姿は植物の強い生命力にあふれている。

植物の双葉の芽生えを思い浮かべると、短い茎に双葉を広げている。

ところが、どうだろう。モヤシは双葉を広げることなく、いきなり茎を長く伸ばしている。

これは、植物の芽生えとしては、なんとも不自然な形である。

モヤシは光を当てずに育てられる。そのため、モヤシ自身は、まだ地上にたどりつかず、土の中を伸びているつもりでいる。

つまり、モヤシは土の中を成長する姿なのである。

土の中にいるつもりなので、モヤシは双葉を広げることはない。双葉を閉じて守りながら、成長を続けていくのである。

そして、地上にたどりつくために、茎を伸ばさなければならない。

太陽の光の下で育つ芽生えは、茎を長く伸ばす必要はない。しかし、地上に出て光を浴びるまでは、すべての成長に優先して茎を伸ばす必要がある。

モヤシの茎が長いのはそのためなのである。

しかも、モヤシは頭を下げるように、双葉の部分を垂らした形をしている。

モヤシは土の中の成長の姿である。まっすぐに伸びると、大切な双葉が土や石で傷ついてしまう。そのためモヤシは、大切な双葉を守るように、湾曲させた茎で土を押し上げるように成長していくのである。

子どもたちがおしくらまんじゅうをするときには、背中で押し合う。あるいは、大人たちが満員電車に乗るときに頭から突っ込む人はいない。丸めた背中から人ごみの中に割り込んでいく。これと同じようにモヤシは、曲げた茎で土を押しのけながら伸びていくのである。

モヤシは、今、まさに成長している植物である。

モヤシは傷みやすい野菜として知られている。それは、モヤシが成長し続けているからだ。根っこを切られ、袋に詰められて、冷蔵庫の中に入れられても、モヤシは光を求めて成長することをやめない。モヤシが傷むのは、冷蔵庫の中でも、成長し続けるからなのである。

モヤシは、植物が力強く成長する姿なのである。

しかし、モヤシは光を浴びて光合成ができるわけでもないし、根っこから与えられるのは水だけである。

この小さな植物の、どこにそれだけの栄養があるのだろう。

モヤシの成長のエネルギーは、種子の中にあるものがすべてである。

モヤシだけではない。植物の種子の中には発芽のためのエネルギーが詰まっている。

たとえば、私たちが食べる米は、イネの種子である。イネの種子の主な成分は、でんぷんである。でんぷんは生物が生命活動を行なう上でエネルギーとなる基本的な栄養分である。だからお米は、私たち人間にとっても重要な栄養源となるのだ。

これに対して、ガソリンで動くガソリン車と軽油で動くディーゼル車があるように、でんぷん以外のものをエネルギー源として使う種子もある。

たとえば、ヒマワリやナタネは、脂肪を主なエネルギー源としている。ヒマワリやナタネから豊富な油が取れるのはそのためである。

モヤシの原料となるマメ科の植物は、たんぱく質を発芽のためのエネルギー源としている。マメ科植物は、根粒菌というバクテリアと共生して、窒素のないところでも成長することができるという特徴を持っている。しかし、芽を出したばかりの芽生えは、まだ根粒菌と共生をしていない。そのため、窒素源となるたんぱく質をあらかじめ種子に蓄えているのである。

さらにマメ科の植物の芽生えには、ある特徴がある。

植物の種子には、植物の基になる胚と呼ばれる赤ちゃんの部分と、胚の栄養分となる胚乳という赤ちゃんのミルクに相当する部分がある。

たとえばイネの種子である米では、玄米に胚芽と呼ばれる部分がついている。これが植物の芽生えとなる胚である。そして、胚芽を取り除いた白米はイネの種子の胚乳の部分である。つまり、通常私たちはイネの種子のエネルギータンクだけを食べているのである。

このように、植物の種子には胚と胚乳があるのが一般的である。

ところが、マメ科の種子には胚乳がない。

豆が大きく観察しやすい大豆のモヤシを観察してみることにしよう。

モヤシの双葉は、マメの部分が二つに分かれている。たとえば、枝豆や空豆、落花生なども、豆が二つに分かれる。

マメ科植物の種子の二つに分かれた部分は、双葉になる部分である。マメ科の種子の中には胚乳がなく、双葉がぎっしりと詰まっている。そしてマメ科植物は、この厚みのある双葉の中に、発芽のための栄養分をためているのである。

米のように一般的な植物の種子は胚乳が大部分で、植物の芽になる胚の部分は、ほんの少しである。しかし、少しでも芽生えの部分が大きいほうが、他の芽生えとの競争に有利である。そのため、マメ科の種子は、エネルギータンクを体内に内蔵することで、限られた種子の中のスペースを有効に活用して、体を大きくしているのである。

マメ科植物は、生きるためのエネルギーを備えている。

そしてモヤシは、まさにそのエネルギーを使って成長している姿なのである。

この姿の、どこが弱々しいというのだろう。

だからね、ひょろひょろしていても、モヤシも、そのままでいいんだよ。

サツマイモ

「芋っぽい」という言葉は、ずいぶんバカにした言い方である。田舎くさくて垢抜けないと「イモ兄ちゃん」とか、「イモ姉ちゃん」と呼ばれる。

土の中から掘り出されるサツマイモは、やっぱり芋っぽい。

どんなに洗っても芋っぽい。

芋はやっぱり芋なのだ。


神さまはどうして、こんな垢抜けない生き物をお創りになったのだろう。


「イモ兄ちゃん」や「イモ姉ちゃん」というと、ずいぶんとバカにした言い方に聞こえる。昔は、「イモ爺さん」という言葉があった。

ところが、である。

「イモ爺さん」という言葉は、尊敬の意味が込められている。

そして、各地で「イモ爺さん」の石碑が建てられたりしているのだ。

イモ爺さんは、すごい人なのである。

イモとは、サツマイモのことである。

サツマイモは中央アメリカ原産の作物である。その後、コロンブスが新大陸を発見するとヨーロッパに伝えられた。そして、戦国時代の終わり頃に日本に伝えられたのである。

サツマイモは、その名のとおり薩摩国（現在の鹿児島県）に伝えられた。

それまで日本で芋と言えば、サトイモやヤマイモであった。

人々は、外国からやってきた見たこともない芋に違和感を禁じ得なかったのである。

しかし、サツマイモはやせ地でも育つことができる。栄養も豊富で飢饉のときの食糧として優れている。そう気づいた人々がいた。

もっとも、見たこともないサツマイモの栽培を人々に広めることは簡単ではなかった。

それだけではない。

赤道直下の中央アメリカ原産のサツマイモは寒さに弱い。特に、暖房のなかった昔に、秋に収穫した芋を冬の間、保存しておくことは、困難を極めた。

江戸時代に、そのサツマイモの栽培技術と保存技術を確立したのが、儒学者の青木昆陽である。

この功績から、青木昆陽は「甘藷先生」と呼ばれている。「甘藷」というのは、サツマイモのことである。つまりは「イモ先生」ということなのだ。

他にも全国各地で、志ある人たちがサツマイモの栽培にチャレンジし、災害や戦争に備え、救荒食としてサツマイモの普及に苦心した。そして、多くの人々を飢饉から救ったのである。

そんな各地の偉人たちは、その功績から「イモ宗匠」や「イモ爺さん」と称えられている。「イモ」と冠して呼ばれるのは、尊敬の証だったのである。

そんなものは、江戸時代の話、と思うかもしれないが、そうではない。先の第二次大戦中の食糧難には、家の庭や学校などのあらゆる土地でサツマイモを栽培した。戦後の焼け野原で飢えに苦しむ人々を救ったのも、やはりサツマイモだったのだ。

人々が飢えに苦しむとき、サツマイモはまるで救世主だ。

また、飽食の現代でも日本の食糧自給率は、カロリーベースでわずか四〇パーセント足らずに過ぎない。仮定の話であるが、輸入が完全にストップすれば、単純計算で一〇人中六人が何も食べられない計算になる。しかし、サツマイモを生産すれば、今でも十分、日本の人口を養うことができるということが真剣に試算されている。

やせ地でもできるというだけでなく、サツマイモは作物の中でもとりわけ収量が多い。さらに茎や葉の部分も家畜のエサとして利用できる。

サツマイモは、食糧難には本当に心強い植物なのだ。

だからね、田舎くさいサツマイモも、そのままでいいんだよ。

第3章　「ぱっとしない」生き物

カモノハシ

カモノハシは、奇妙な生き物である。
何しろ哺乳類のくせに卵を産むのだ。
しかも、鳥のようにくちばしまである。

昔、カモノハシを発見した探検家が、毛皮を本国に送って報告したところ、いろいろな動物をつなぎ合わせて作られたものだと疑われて、存在を信じてもらえなかったらしい。

それくらい変わった生き物なのだ。

哺乳類は大きく二つの特徴がある。

一つは卵ではなく子どもを産むということだ。これは胎生と言われている。

もう一つは、母乳で赤ちゃんを育てるということだ。

カモノハシは、卵を産む卵生だが、卵から生まれた子どもを母乳で育てる。そのため、哺乳類に分類されているのだ。

そんな掟を破るカモノハシは、自然界でもっとも奇妙な動物と言われている。


神さまはどうして、こんな奇妙な生き物をお創りになったのだろう。


しかし、である。

そもそも誰がいったい哺乳類の定義など決めたのだろう。

じつはカモノハシは、大昔から地球に存在していた。

恐竜が絶滅し、哺乳類が繁栄し始めた六五〇〇万年前には、すでにカモノハシは存在していたという。それどころか、さらに遡ること二億五〇〇〇万年前からの恐竜が繁栄していた中生代にはすでにカモノハシは存在していたと考えられている。

カモノハシは、大昔から姿を変えていない「生きた化石」なのだ。

そんな大昔から姿を変えていないというのは、すごい。

よくよく考えてみれば、他の生き物たちが進化をしているということは、姿を変えなければ生き残れなかったということだ。カモノハシは、大昔から姿を変えなくても良いような完成した姿だったということだ。

卵を産むというカモノハシの特徴は、まだ哺乳類

が進化する前の古い時代の特徴だと考えられている。

それは、人間が登場するよりも、はるか昔のことなのだ。

そもそもカモノハシは、人間が「哺乳類」という分類を作り出す前から、この地球に存在している。人間よりもカモノハシの方がずっと先輩なのだ。

それなのに、哺乳類らしいとか、哺乳類らしくないとか、人間はずいぶんと勝手なことを言うものだ。

そもそも、この世の中には何の区別もない。そこに人間が線を引いて区別しているだけなのだ。そうやって人間は何の区別もない世界に国境を引いたり、県境を引いたり、緯線や経線を引いているのだ。

たとえば、富士山はどこまで富士山だろうか。富士山はずっと地続きで続いていて、ここまでが富士山でここからが富士山ではないという区別はない。しかし、私たちは富士山と富士山ではない場所を区別する。

ヒトはサルから進化したと言われている。しかし、サルのお母さんが、いきなりヒトを産んだわけではない。そうだとすると、ヒトとサルの区別は何だろう。

本当は何の区別もない。しかし、人間の脳はそれでは理解ができないから、分類したり、区別したりするのだ。

そして、「〇〇らしい」とか、「〇〇らしくない」と言っている。

人間はずいぶんと勝手な生き物だ。

カモノハシは、昔からずっとカモノハシのままなのに、哺乳類らしくないとか奇妙だと言っているだけなのだ。

だからね、らしくないと言われても、カモノハシも、そのままでいいんだよ。

ペンギン

ペンギンも、飛べない鳥である。

鳥なのに空を飛ぶことができないのだ。

飛べない鳥には、ダチョウもいる。しかし、ダチョウは飛べない代わりに大地を力強く走ることができる。

それなのにペンギンは走ることもできない。

歩き始めたばかりの赤ちゃんのように、よちよちと歩くことしかできないのだ。


神さまはどうして、こんな不格好な生き物をお創りになったのだろう。


空を飛ぶためには、体を軽くしなければならない。

そのため空を飛ぶ鳥は、骨を細くして、さらに骨の中を空洞にしている。こうして軽量化することで空を飛びやすくしているのだ。

一方、ペンギンは骨が太い。しかも、骨の中も詰まっていて、体重が重い。これでは空を飛べるはずがない。

もっともペンギンが、昔から空を飛べなかったかというと、そうでもないらしい。ペンギンもその昔は空を飛べたらしいのだ。

ペンギンの祖先は空を飛ぶ海鳥だったと考えられている。海にはエサとなる魚がたくさんいる。海鳥たちは空から海の中に飛び込んで魚を捕らえる。しかし、空から魚を狙うことは、簡単ではない。

そのため、長く潜るように進化を遂げていくうちに、海の中を泳ぐ能力を高めていったのだ。

体重を重たくしたほうが、海の中に潜るのには都合が良い。さらに海中の水圧に耐えるためには、頑丈な骨が必要だ。

また、海に潜るためには、大きな翼は水の抵抗を受けて邪魔になる。そのため、ペンギンは翼を小さくする進化をしていった。

こうして、ペンギンは空を飛ぶことをあきらめて、その代わりに海の中を自在に泳ぐ体を作り上げていったのだ。

もっともペンギンは、空を飛ぶ鳥と同じ骨格をしている。そのためペンギンたちは、まるで大空を飛ぶ鳥のように、水の中を泳ぐことができる。

ペンギンは飛べない鳥ではない。

水中を飛ぶ鳥なのである。


空を飛ぶ鳥を見て、うらやましがってみても仕方がない。

大地を走るダチョウを見て、うらやましがってみても仕方がない。

ペンギンに飛ぶ努力は不要である。速く走る努力も不要である。

ペンギンの実力は、海の中でこそ発揮される。そうだとすれば、ペンギンにとって大切なことは潜る海を探すことなのだ。


だからね、空を飛べないペンギンも、そのままでいいんだよ。

カバ

カバに似ていると言われたら、どうだろう。

動物園のカバは、水の中でのんびりしている。ときどき水の中から顔を出して、ときどき耳を動かしてみたりする。

ときどき大きな口を開けて、観客の歓声を浴びてみたり、ときどき飼育員さんからもらったスイカを割ってみたりする。

ずいぶんとのんびりした生き物だ。

神さまはどうして、こんなうすのろな生き物をお創りになったのだろう。

アフリカでもっとも凶暴な動物は何だろう。

ライオンでも、ゾウでもない。それはカバであると言われている。

カバは最強の動物と言われているのだ。

アフリカの現地の人たちが、もっとも恐れているのがカバである。何しろ、大勢の人たちがカバに襲われて命を落としているのだ。

カバは、とてもなわばり意識の強い動物である。

なわばりに侵入したものは、何であろうと許さない。気の荒いカバは、なわばりに侵入したものには、だれかれ構わず襲いかかるのだ。

あの巨体で突進し、あの大きな口と巨大な牙でかみつかれたらたまらない。

同じ水辺に棲(す)むワニは、とてもカバには敵(かな)わない。凶暴と思われるワニもカバに襲われて殺されてしまうという。さらに、ライオンもカバには

敵わない。怖いもの知らずのカバは、相手がライオンであっても襲いかかる。ライオンでさえもなわばりを侵せば命が危ないのだ。

のんびりしたイメージのカバだが、じつは時速四〇キロメートルで走ることができる。

もちろん、得意の水中ではさらに能力を発揮する。水中に棲むカバは、じつは泳ぐことができない。重たい巨体で水の中に沈み込み、水底を走るのだ。そのスピードは時速六〇キロメートル。何と地上よりも速く水の中を走るのだ。

意外なことに、カバはクジラと共通の祖先を持つ近縁種であると言われている。

クジラは「海の中」という、動物としては特別なすみかを占有し、カバは「川の中」という特別なすみかを占有している。クジラもカバも、他の動物が苦手とする水の中を選んだことによって、成功を収めているのだ。

大きな口を開けているのも、けっしてのんきにあくびをしているわけではない。

牙を見せて威嚇をしているのだ。

見た目にだまされてはいけない。カバは最強の動物なのである。

だからね、口の大きなカバも、そのままでいいんだよ。

タヌキ

タヌキは化けると言われている。本当だろうか。

ふくれたお腹で腹つづみを打ってみたり、「かちかち山」では背中に背負った柴に火をつけられている。信楽焼きのタヌキの置物は、お酒の入ったとっくりを持って歩いている。

化けると言っても、失敗ばかり。昔話の中では、ユーモラスでどこか間が抜けている。それがタヌキである。

同じ化けるとは言っても、スマートなキツネに対して、タヌキはずんぐりむっくりで、動きも鈍い。

神さまはどうして、こんな間の抜けた生き物をお創りになったのだろう。

キツネは、どこか神秘的で神がかった感じがする。

そういえば、お稲荷さまの使いもキツネである。

以前、草原で野生のキツネに出会ったことがある。キツネは逃げるでもなく、遠くから私のようすをじっとうかがっている。

近づこうとすると、キツネは少し森の方へ逃げるが、また立ち止まってはじっとこちらのようすを見るのだ。

キツネの瞳は、本当に神秘的だった。こちらがキツネを見ていれば、キツネもいつまでもじっとこちらを見つめている。どこか引き込まれそうな不思議さがある。そのうち、キツネに化かされそうな気さえしてくる。

キツネは肉食の動物である。農耕神のお稲荷さまに祀（まつ）られるのも、もともとは、穀物を食い荒らすネズミを退治してくれることに由来しているらしい。

そして、獲物を確保するためには、広いなわばりが必要となる。

キツネにしてみれば、なわばりに入ってきた怪しい人間のようすを警戒してうかがっていただけなのだろう。が、人間からしてみると、何か誘われているような気になる。昔話にも、キツネに道案内される話が多いのは、おそらくこんな感じなのだろう。

一方、タヌキは雑食性の動物である。

小動物をとらえて食べることもあるが、主には昆虫やカエルで、ミミズなども食べる。あるいは、植物の実やドングリ、きのこなど何でも食べる。そのため、キツネのようにすばやく走ったり、ジャンプしたりといった俊敏な動きをする必要がない。

その代わり、枝の生い茂った森の中を移動し、地面の上のエサを食べやすいように、足が短くて、背の低い体型になったのだ。さらには、冬になるとカエルや昆虫などのエサがいなくなってしまうので、その前に皮下脂肪をためて、丸々と太る。このようすがユーモラスなタヌキ腹を連想させたのである。タヌキはタヌキなりに、進化をしているのである。

猟師が鉄砲を撃つと、死んだふりをする。寝たふりをしているのを「たぬき寝入り」というのは、これが由来だ。そして、弾が命中したと思って猟師が近づくと、すきを見

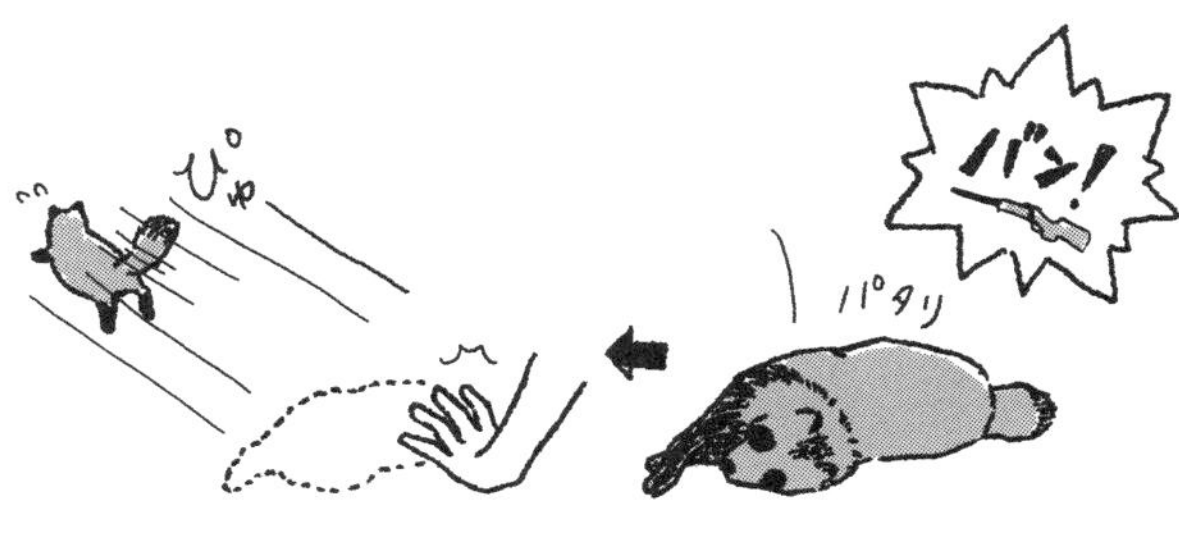

て逃げて行ってしまう。タヌキが人を化かすと言われるのは、このためなのである。

キツネは、広いなわばりを必要とするので、人間が里山を開発すれば、棲むことができない。しかし、雑食性のタヌキはなわばりを必要としない。そのため、人間が里山を開発しても、限られた緑地をねぐらにして生息することができる。そして現代でも、タヌキは私たちの目の前に出没するのである。

タヌキは、それだけ人間に身近な生物ということなのだ。

だからね、間が抜けているように見えるタヌキも、そのままでいいんだよ。

ケラ

昆虫のことをバカにして「虫けら」と呼ぶ。

ケラの名前は、一説にはこの「虫けら」に由来するとも言われている。

ミミズに続いて「手のひらを太陽に」の歌詞にも出てくるように、「おけら」とていねいに「お」をつけて呼ばれることもあるが、かえってバカにしている感じだ。

競馬やパチンコなどの賭け事で負けて一文無しになってしまうことを「おけらになる」と言う。ケラをつかまえると、前脚をいっぱいに広げる。この姿がバンザイをしてお手上げをしている姿に似ていることから、「おけらになる」と言われるようになったのである。


神さまはどうして、こんな侮られるような生き物をお創りになったのだろう。

土の中に穴を掘って暮らしているケラは、シャベルのような大きな前脚を持っている。つかまえると前脚をいっぱいに広げるのは、土の中にもぐって逃げようとしているのだ。

ケラは英語では、「モールクリケット」という。これは「モグラコオロギ」という意味である。ケラはモグラのように土の中に棲むコオロギなのだ。

コオロギなので、ケラも鳴くことができる。他のコオロギと同じように翅（はね）をこすりあわせて音を出すのだ。もっともケラは地面の下で音を出すので「ジー」という鈍い音になる。昔の人は、地面の下から聞こえる不思議な鳴き声を、ミミズが鳴いているのだと考えていたらしい。現在でも「ミミズ鳴く」は俳句の秋の季語として使われているが、これはケラの出す音である。

生き物は、激しい競争をした結果、どちらかが生き残り、どちらかが絶滅するまで競争を続ける。その結果、どちらか一方だけが、生き残る。

しかし実際には、たくさんの生き物が共存をしている。

これは、生き物が、どちらかが絶滅するような激しい競争をしなくて良いように、すみかやエサなど、競争の原因になりそうなものを少しずつずらしているからである。これを指して「競争排除の原則」と呼ぶ。

生き物にとって、他の種類の生き物とキャラが被ることがもっとも致命的である。それは、どちらかが滅びるような競争をしなければならないことを意味しているからだ。

そのため、すべての生き物が、競争相手となる生き物から、少しでもずらそうと常に努力している。

それにしても、ケラのずらし方はどうだろう。

「土の中に棲むコオロギ」なんて、奇抜なアイデアをマネできる昆虫は他にいない。まさに、ライバルのいない世界をほしいままにしているのだ。

さらに、昆虫がもっとも恐れるのは、天敵の鳥だが、土の中に潜んでいれば、天敵からも身を守ることができる。良いことばかりなのである。

それなら、他のコオロギもマネをすれば良さそうなものだが、もちろん、そんなわけにはいかない。土の中に棲むということは、簡単なことではないのだ。

そもそも、土の中に穴を掘って潜むことだって、実際には簡単ではない。

よくＳＦ映画やロボットアニメではドリルのついた乗り物が地中に深くもぐっていくが、これではドリルと同じ直径の穴を掘ることはできても、本体がその穴を通って地中を潜行することはできない。穴を掘って進むためには、掘った土を後ろへ掻(か)きだしていかなければならないからだ。

ケラの前脚は、パワーショベルのようにギザギザがついた大きなシャベルになっていて、掘った土を体の後ろへと送っていく仕組みになっている。また、土の中には植物の根っこが生えていて、掘り進む邪魔になるが、ケラの前脚には、行く手を阻む草の根っこを切るカッターのようなトゲもついている。

それだけではない。

ケラは頭が大きく、体は細長い。これは掘った穴を通りやすい体型である。

さらに体の前半分は鎧(よろい)のように堅くなっていて、穴に潜り込めるようになっているのに対して、下半身はやわらかいので掘った穴に滑り込むことができる。しかも下半身にはやわらかな毛が生えていて、体に土が付着するのを防いで、スムーズに穴の中を進むことができるようになっている。

これだけの工夫があるから、ケラは地中を自在に進むことができるのである。

不思議なことに、ケラの姿はモグラとよく似ている。

昆虫のケラと哺乳類のモグラはまったく別の進化をたどってきたが、地中生活にもっとも適応した優れた形を追い求めた結果、最終的には、どちらもよく似た姿にたどりついた。このように種類は違っても、結果としてよく似た形に進化する現象は「収斂(しゅうれん)進化」と呼ばれている。

それだけではない。ケラは土の中を掘り進めるだけでなく、翅を広げて飛ぶこともできる。翅をこすりあわせて鳴くコオロギの仲間は飛ぶことはできない。ところがケラは、音を立てる前翅とは別に、長く伸びた後翅で飛ぶ

ことができるのだ。

さらには、体に生えた毛が水をはじき、前脚で水を掻いてすばやく泳ぐこともできる。

まさに陸と空と水のすべてを自在に移動することができるのである。

こんなすごい虫、他にあるだろうか。

誰が、このすごい虫を「虫けら」と呼んだのだろう。

だからね、バカにされてるおけらも、そのままでいいんだよ。

アリ

アリは、ありんこと言われる。

ありんこは小さな存在である。そしてか弱い存在である。

土の中に巣を作り、行列を作って働き続ける。

ときには、踏まれたり、ときには人間の子どもたちに巣を壊されたりもしている。

それが、アリという生き物なのだ。


神さまはどうして、こんな弱々しい生き物をお創りになったのだろう。


アリは、本当に弱い存在だろうか。

実際はそうではない。アリは昆虫界で最強であると言われている。

何よりアリは集団で行動をする。アリより強そうな昆虫はいくらでもいそうな気もするが、集団で襲いかかるアリに対抗できる昆虫はいない。

私たち人間を怖がらせる昆虫としてハチがいる。

ハチは木の枝などの中空にぶら下がった巣を作るものが多い。これは、アリに襲われることを恐れてのことだといわれている。さらにハチの巣の付け根にアリの忌避物質を塗っているハチさえいるくらいだ。

さらにシロアリの中に巨大な牙を持つ兵隊アリがいる。これも、アリの襲撃を避けるために進化したと言われている。

アリは、他の昆虫から恐れられる存在なのだ。

昆虫だけではない。

群れをなして行進する軍隊アリの恐ろしさはよく知られている。

エサを求めてさまよい歩く軍隊アリが通った後は、食糧はすべて食べ尽くされ、家畜さえ食べられて骨にされているほどである。軍隊アリの行進がやってくれば、人間でさえも避難することしかできない。

まさにアリは最強の存在なのだ。

そのため、強いアリを利用しようとする生き物も多い。

たとえばアブラムシは、お尻からアリの好きな甘露を出す。そのため、アリはアブラムシから甘露をもらうために、アブラムシをエサにするテントウムシなどを追い払うのだ。アブラムシよりも巨大なテントウムシも、アリの群れに襲われれば退散するしかない。

あるいは、シジミチョウの幼虫も、お尻から甘露を出す。そのため、アリはシジミチ

ョウの幼虫を巣の中に運び込む。アリに甘露を与える代わりにシジミチョウの幼虫は、アリの巣の中で守られるのである。

アリは、とても頼りになるボディガードなのだ。

さらに、アリは「もっとも進化した昆虫」であるとも言われている。

アリはハチから進化をしたと言われている。

アリやハチは、社会性を発達させ、集団で生きることを選んだ昆虫である。一匹で生きるよりも、集団で力を合わせた方が生存率が格段に高まるのだ。さらに女王を中心に階級を作り、役割を分化している。

人類を含む哺乳類が知能を発達させたのに対し、昆虫は本能を高度に発達させた。そしてアリやハチは複雑な社会的な役割分担の仕組みのすべてを本能でコントロールしているのである。

そして、アリはハチよりも、さらに進化した存在である。

昆虫は翅を持ち飛ぶことができる。しかし、翅を動かし、空を飛ぶことは多大なエネルギーを必要とする。そのためアリは、無駄な翅をなくしてしまったのである。

高度に発達した集団行動と地中に巣を作って暮らすという画期的な生活様式が、翅を省くことを可能にしたのである。

私たち人間が、知能を発達させた脊椎動物の進化の頂点に立つ存在であるとするならば、アリは本能を発達させた無脊椎動物の進化の頂点に立つと言っても良いかもしれない。

人間が他の野生動物を圧倒しているように、昆虫界ではアリの強さは他を抜きんでているのだ。

ありんこと、バカにすることなかれだ。

だからね、弱いと思われていてもアリも、そのままでいいんだよ。

クズ

みんなは、その植物をクズと呼んでいる。

クズは「クズ」と呼ばれている。

クズはクズである。クズは、植物の名前が「クズ」なのだ。

どうして、この植物はクズと呼ばれているのだろう。


そして、神さまはどうして、こんな呼ばれ方をする生き物をお創りになったのだろう。


「人間のくず」と言うとき、漢字は「屑（くず）」と書く。屑はゴミである。

植物のクズは、漢字では「葛」と書く。

クズは、くず餅やくず湯の原料となる。その昔、クズは奈良県の国栖（くず）地方が産地であった。

それがいつしか、植物の名前もクズと呼ばれるようになったのである。

その昔は、花が美しいことから「秋の七草」にも数えられていた。

クズはマメ科のつる植物である。

クズは成長が早く、ぐんぐんつるを伸ばして、繁茂する。その秘密はクズがつる性植物であることにある。

植物の茎は、倒れないようにするために強い構造を作らなければならない。しかし、つるで伸びるクズは自分で立ち上がる必要はない。どんどんつるを伸ばして、あたりの植物に巻き付いていけば良いのだ。

また、クズは葉にも秘密がある。

クズの葉は小さな葉っぱ三枚が一組になっていて、小さな葉っぱ一枚一枚が自在に動くようになっている。そのため、巧みに葉っぱを動かしながら、太陽の光を効率よく受けられるように、調整することができるのである。また、昼間、紫外線が強すぎれば、葉っぱを立てて強い光をやり過ごす。

こうして、効率よく光合成を行なっていくのである。
成育が旺盛なクズは、まわりの木々に覆い被さって成長し、ついには光を奪って木を枯らしてしまうこともある。電柱を覆い尽くしながらよじのぼり、送電線にからんでしまうことさえある。よじのぼる木がなくても困ることはない。茎どうしをからませて、地面を覆い尽くしてしまう。こうして、河川の土手や線路の法面（のりめん）を覆い尽くしてしまうのだ。
成長量が大きいクズは、土砂流出の救世主として期待され、日本からアメリカへ導入されたこともある。しかし、クズの成長の大きさは人間の想定をはるかに超えていた。そして、またたく間に雑草化して問題になっている。そのため、アメリカでは「グリーン・モンスター（緑の怪物）」と恐れられているのだ。
人間の役にも立つし、人間に悪さもする。いったい、クズは何物なのだろう。

もちろん、何物でもない。クズはクズである。それを人間が勝手に「役に立つ」と言ってみたり、「邪魔になる」と言ったりしているのだ。本当に人間は勝手な生き物だ、とクズは思っていることだろう。

だからね、クズ呼ばわりされても、クズも、そのままでいいんだよ。

第4章 「こまった」生き物

コウモリ

「どっちつかず」な人を「コウモリ」と言う。

イソップ物語に「ひきょうなコウモリ」というお話がある。

けものの一族と鳥の一族が争っていた。

コウモリは、けものたちが有利になると、「毛が生えているから」とけものの仲間になり、鳥が有利になると、「翼があるから」と鳥の仲間に入った。やがて、けものと鳥の争いが終わると、ずる賢く振る舞ったコウモリはけものからも鳥からも仲間はずれにされてしまう。そしてコウモリは、暗い洞窟に身を潜め、夜にだけ飛ぶようになったのだ。

コウモリはやっぱり、どっちつかずにコウモリ野郎なのだ。

神さまはどうして、こんなひきょうな生き物をお創りになったのだろう。

自然界を生き抜く上で重要なことは、競争に勝つことではない。

たとえ一度競争に勝ったとしても、その後も競争し続け、勝ち続けなければならないのだ。

しかし、勝ち続けることは簡単ではない。

だから自然界を有利に生き抜く上で重要なことは、競争相手がいないということである。

そのために重要なことは、みんなと同じではない。みんなと違うということが必要なのだ。

みんなと違うという点で、大空はとても魅力的な場所である。地上では、たくさんの生き物たちがひしめいているが、空に進出している生き物は少ないからだ。

　しかし、昼の間は、空には鳥たちがいる。

　翻って、夜の空には競争相手はいない。天敵に襲われる心配もない。

　コウモリは鳥たちのいない夜の空をほしいままにしているのだ。

　地を走る動物とも違う。空を飛ぶ鳥とも違う、「空飛ぶ哺乳類である」というオリジナリティが、コウモリを成功に導いているのだ。

　コウモリは、どのようにして空を飛ぶのだろう。
　鳥の翼には羽毛がある。鳥ははばたいて前に進みながら、羽毛が風を受けて揚力を発生させている。いわば、飛行機と同じ仕組みである。

一方、コウモリの翼には羽毛はない。コウモリの翼は、指と指の間の皮を水かきのように伸ばしたものである。その皮が指と指の間から、足首までつながっている。その皮膜でハングライダーのように風に乗るのである。

コウモリの皮膜は四枚からなっており、さらに無数の関節がついていて、翼を巧みに動かすことができる。そのため、急旋回したり、急降下したり、急上昇したりといった自在な動きができるのだ。

まさにその機動性は戦闘機さながらである。

コウモリはその機動性で、空を飛ぶ昆虫を空中で捕らえている。

もちろん、何も見えない真っ暗闇である。そこでコウモリは、超音波を発して、その反射音で獲物を探知してつかまえる。まさに高性能なレーダーを装備しているのである。

どっちつかずだけれども、ニッチな世界で自分の能力を最大限発揮している。だからコウモリはすごい。

だからね、どっちつかずのコウモリも、そのままでいいんだよ。

ハゲワシ

ハゲワシは、はげている。だから、ハゲワシなのだ。
年老いたハゲワシだけでなく、若いハゲワシもはげている。
オスのハゲワシだけでなく、メスのハゲワシもはげている。
だから、ハゲワシなのだ。
ハゲワシは死んだ動物の腐肉を奪い合って食べる。
本当に不気味な存在だ。

神さまはどうして、こんな可愛げのない生き物をお創りになったのだろう。

ハゲワシははげている。

ハゲワシは死んだ動物の肉を食べる。

死んだ肉を食べる生き物はスカベンジャーと呼ばれている。

もし、死肉を食べる生き物がいなかったら、どうなるだろう。

すべての生き物は、最後には死ぬ。そうだとすると、あたり一面が死体だらけになってしまうことだろう。

そんな死んだ動物の肉を食べるスカベンジャーがいるから、大地は清潔に保たれるのだ。そのためスカベンジャーは、「掃除屋」と呼ばれている。

ハゲワシが食べるのは死んだ動物の肉だ。生きている動物を殺して食べる他のワシに比べれば、その点でハゲワシはずっと平和的だと思わないだろうか。

横たわっている死んだ動物の肉を食べることは、獲物を狩りして捕らえることに比べると、ずっと楽なような気がする。しかし、そうではない。

何しろ腐っているかもしれない肉である。そんなものを食べたら、ふつうであればお腹を壊してしまう。そのため、ハゲワシの仲間は、内臓を発達させている。

たとえば人間の胃液はpH1~2の酸性度である。これは鉄も溶かすような強酸性である。

ところが、である。

ハゲワシの胃液は、pH1以下である。人間よりもさらに強い酸性で腐肉についてあらゆる病原菌を殺菌するのである。

さらにハゲワシは、脚をまっすぐ伸ばして、自分の脚にかかるように糞尿（ふんにょう）をする。ハゲワシの糞尿も強酸性で殺菌の効果があるため、腐肉の上を歩いた脚を消毒しているのだ。

そして、ハゲワシははげている。

死んだ動物の体の中に頭をつっこんで死肉を食べていれば、頭が汚れてしまう。そこで、頭を清潔に保つためにはげているのである。

はげていることにも意味があるのだ。

だからね、はげているハゲワシも、そのままでいいんだよ。

ブチハイエナ

「ハイエナのようなやつ」という言葉がある。

ハイエナは、ハイエナのようなやつである。

ハイエナは、ライオンの食べ残した腐肉をあさっているイメージがある。

動物が主人公のアニメでは、必ず悪役となる。しかも、大物ではなく、小物の手下役がよく似合う。それがハイエナなのだ。

神さまはどうして、こんな嫌われ者の生き物をお創りになったのだろう。

ハイエナが腐肉をあさるなんて、誰が言い出したのだろう。

ハイエナは、獲物のほとんどを自らが狩りすることで得ている。

中でも代表的なハイエナであるブチハイエナは、狩りの名手であると言われている。百獣の王と言われるライオンの狩りの成功率は、およそ二〇パーセント程度だそうだ。これに対して、ブチハイエナの成功率は、七〇パーセントを超える。ライオンよりも三倍以上高い成功率なのだ。

ライオンは、メスたちが集団で狩りを行なう。その狩りは、気づかれないように静かに近づきながら、隙をついて一気に襲いかかる方法である。そのため、獲物に気づかれたら終わりなのだ。

一方、ブチハイエナはメスのリーダーを中心として、統率の取れたチームを形成している。そして、獲物の群れを追い立てるのだ。

ブチハイエナは毎時六五キロメートルの速さで走り続けるスタミナを持つ。そのため、しつこく追い続けて、逃げ遅れた草食動物を確実に仕留めるのである。

獲物にありつけなかったライオンが、ブチハイエナを脅して獲物を横取りすることも多いという。ブチハイエナは、ライオンもうらやむような狩りの名手なのだ。

獲物を奪い合うライオンとブチハイエナは、ライバル関係にある。

そのため、争ってライオンにブチハイエナが殺されてしまうこともある。

一方、一頭ではライオンの方が強くても、ブチハイエナは群れで戦うことができる。そのときは、ブチハイエナがライオンを殺してしまうこともあるという。

一説によると、ライオンが群れで生活をする一因は、ブチハイエナを恐れてのことであるとも言われている。

もちろんハイエナも、たまには腐肉をあさること

もある。

しかし、大型の肉食動物の中で腐肉を食べることができるのは、ハイエナの仲間だけである。ハイエナの仲間は強靭（きょうじん）なアゴを持っている。そのアゴで骨を砕いて食べることができる。さらに、腐肉を食べても大丈夫な強靭な消化器官も持ち合わせているのだ。

ハゲワシのところで紹介したように、腐肉を食べる生き物はスカベンジャーと呼ばれている。スカベンジャーたちのおかげで、動物の死体は速やかに土に返される。スカベンジャーはサバンナを美しく保つ掃除屋でもあるのである。

だからね、嫌われ者のハイエナも、そのままでいいんだよ。

オオカミ

童話の世界では、オオカミは常に悪者である。

三匹の子ブタでも、七匹の子ヤギでも、オオカミは常に悪者で、最後には退治される存在である。

オオカミは恐ろしい上に、ずるがしこくて、とにかく悪いやつなのだ。

神さまはどうして、こんな悪役の生き物をお創りになったのだろう。

じつはオオカミは、やさしい動物である。

オオカミは、とても家族思いで子煩悩な動物なのだ。

有名な『シートン動物記』の最初の作品は、オオカミ王ロボという物語である。ロボは、命を懸けて罠(わな)に掛かった愛する妻を助けに行く。そして、ついに自らの命をも落としてしまうのである。オオカミは悪者として描かれることが多かったが、シートンが描いているように、じつに家族愛にあふれた動物なのである。

オオカミは一夫一妻である。そして、父親を中心に母親と子どもたちとで群れを形成するのだ。

オオカミは、比較的大きな動物を獲物とするから、狩りをするときは、力を合わせた方が良い。そのため、家族で協力して狩りをするのである。

そして、子育ても家族で力を合わせて行なう。

オオカミの母親は巣穴の中で子どもを産む。そして他の家族は獲物を狩り、母親の元へエサを運ぶのである。

やがて、子どもが大きくなると、巣穴を出て、小高い場所に移る。そして、そこに子を置いて大人たちは狩りに出掛けるのである。このころになると、成長した兄弟姉妹が交代で留守番をして、子どもの面倒を見るようになる。子育ては家族ぐるみで行なうのだ。

こうして兄弟姉妹に遊んでもらうことによって、オオカミの子どもたちは多くのことを学んでいくのだ。じゃれたり遊んだりしながら、子どもたちはオオカミ社会のルール

を学んでいく。そして、狩りのやり方など生きていくために必要な技術を覚えていくのである。

オオカミはとってもイクメンである。そして、とても仲の良い家族なのである。

嫌われても、怖がられても、オオカミはやさしい動物なのだ。

だからね、悪者扱いされているオオカミも、そのままでいいんだよ。

ミイデラゴミムシ

ゴミムシとは、ひどい名前をつけられたものだ。

ゴミムシは、ゴミ捨て場に集まることから名付けられた。

中でも、「へっぴり虫」や「へこき虫」と呼ばれているゴミムシがいる。

その名のとおり、臭い屁(へ)をこくから「へこき虫」なのだ。

実際に、へこき虫は、屁をこくのだから、そう呼ばれても仕方がない。

神さまはどうして、こんなぞんざいに扱われる生き物をお創りになったのだろう。

ゴミ捨て場に集まるゴミムシだが、じつはゴミを食べているわけではない。

ゴミを食べに来た昆虫をエサにしているのだ。ゴミムシは肉食の昆虫なのである。

肉食性のゴミムシは、害虫も食べてくれる。そのため、ヨーロッパでは畑の害虫を退治するために、畑の中にゴミムシのすみかになる緑地を設けることがある。これはビートルバンクと呼ばれている。ビートルバンクは「ゴミムシの銀行」という意味だ。

ゴミムシは、人間の役に立つ益虫だったのである。

ゴミムシの中には飛ばない種類が多い。ゴミムシは、前翅が身を守るために堅くなっている。そして、後翅はその中で退化してしまっているのである。

ゴミムシはその代わり、すばやく走る能力を身につけている。

他章でも述べたが、多くの昆虫は飛ぶことができるが、飛ぶためにはエネルギーを必要とする。そのため、飛ぶことをやめれば、その分のエネルギーで、よりたくさんの卵を残すことができる。

飛んで移動したほうが良いのか、飛ぶのをあきらめてたくさんの卵を残した方がいいのか、昆虫の成功には常にこのジレンマがつきまとう。多くの昆虫は飛んで移動することを選んでいる。しかし飛ばないゴミムシは、飛ばないことを選んでいる。飛ぶのをあきらめるというのは、かなりの勇気だ。

ゴミムシの中には、身を守るために、臭い汁を出すものがある。

中でも見事なのが、ミイデラゴミムシである。

ミイデラゴミムシは、つかまりそうになると、お尻からポンと大きな音を立てて、ガスを噴き出す。このようすが、おならをしているようなので、「へっぴり虫」や「へこき虫」と呼ばれているのである。

もちろん、ミイデラゴミムシは、ただおならをしているわけではない。

ミイデラゴミムシが噴出するガスは、身を守るための武器である。ミイデラゴミムシの出すガスは悪臭がする。さらにこのガスは温度が一〇〇度に達するほど高温で、天敵の鳥やカエルに火傷（やけど）を負わすほどの威力がある。

それにしても、この小さな虫が、どのようにしてこれほどの危険なガスを体内に蓄えているのだろうか。

ミイデラゴミムシは、体内の器官でヒドロキノンと、過酸化水素という二つの物質を別々に生成する。この二つの物質はそれぞれ危険のない物質である。ヒドロキノンは、脱皮後の外皮を堅くするときに利用する物質であるし、過酸化水素は、細胞の生体防御反応に用いられる物質である。

ミイデラゴミムシは、危険が迫ると体内でこの二つの物質を混ぜ合わせて、酵素を加える。すると急激な化学反応が起こって、ベンゾキノンという高温のガスが生成される。そして、ミイデラゴミムシは敵に向かってその高温のガスを吹き付けるのである。噴射口は肛門ではないから、けっしておならではない。しかも、おならと違って噴射口の向きを変化させて、敵を狙って発射させることができるし、連続発射も可能である。いたって高性能な武器なのだ。

驚くべきことに、二つの物質を混ぜ合わせた化学反応によって高温のガスを噴射するという仕組みは、ロケットエンジンの仕組みと同じである。ミイデラゴミムシは、どのようにしてこんな複雑な方法を身につけたのだろうか。どうやって、この化学反応を見出したのだろう。

現代の進化論では、進化は突然変異と環境に適したものが生き残るという淘汰が、少しずつくり返されることによって起こると考えられている。しかし、少しずつの進化で、危険なガスを武器にする高度な仕組みを完成させられるのだろうか。ミイデラゴミムシの武器は、現代の進化論だけでは満足な説明ができないほど完成度が高いのである。

しかし、進化論の説明など人間が考えれば良いことだ。ゴミムシの暮らしには何の関係もない。

だからね、「へこき虫」なんてひどい名前をつけられても、ゴミムシも、そのままでいいんだよ。

糞虫

排出された動物の糞に、虫たちが集まっている。
糞虫は糞に集まる虫たちである。フンコロガシが代表格だ。
糞はいわば、「うんこ」である。汚いものなのだ。
それなのに、あろうことか糞虫たちは、糞をエサにしているのだ。
神さまはどうして、こんな汚い生き物をお創りになったのだろう。
昆虫記で有名なファーブルが夢中になって研究をしたのがフンコロガシである。

フンコロガシは、糞虫の一種で、動物の糞を丸めて球にし、それを逆立ちして後ろ脚で転がしていく。そのため、糞を転がすフンコロガシと名付けられているのである。

フンコロガシというと、汚らしい感じがするが、意外なことに古代エジプト文明では、フンコロガシは神聖な存在と考えられていた。古代エジプトでは、フンコロガシはスカラベと呼ばれていた。

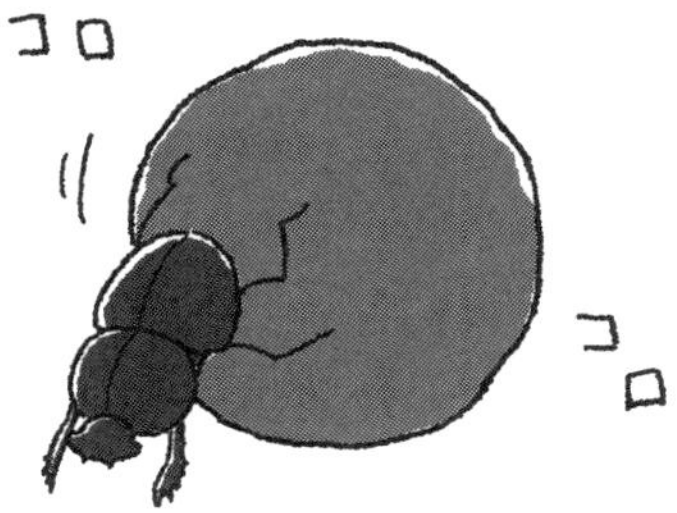

スカラベは、動物の糞を丸くして、それを運ぶ。そのようすが太陽を東から西へ運ぶ神を思わせた。そして、スカラベの作った糞からは、またスカラベが生まれてくる。スカラベは命を創り出す存在でもあったのだ。

「糞」という排泄物(はいせつぶつ)から、太陽の神や創造の神を連想した古代エジプトの人々の観察眼はすばらしい。「汚い」という先入観なしに、スカラベをよく観察していたということなのだろう。

実際には、スカラベは持ち帰った糞の中に卵を産み付ける。そして、幼虫は糞をエサにして成長し、成虫になると糞の中から出てくるのだ。そして、糞から生まれ出たスカラベは、誰に教わっているわけでもないのに、糞を見つけ出し、誰に教わっているわけでもないのに、糞の球を作り、後ろ脚で転がし始める。昆虫は本能だけで生きているが、本能だけで、これだけの高度な作業を行なうことができるのである。

残念ながら、日本にフンコロガシはいないが、日本にも、じつに多くの種類の糞虫がいる。中でもよく目立つのがセンチコガネである。

センチコガネは、キラキラと輝く色をしている。光を反射して輝くその姿は、まるで宝石のような美しさである。

宝石のような虫が糞にまみれているのは、何とも似つかわしくないような気もする。

しかし、どうだろう。そもそも「きれい」とか「きたない」とか、誰が決めたのだろう。

「きれい」とか「きたない」とかレッテルを貼りたがるのが、人間の脳の悪いところである。

糞は動物の体から出てきた有機物であり、センチコガネの体も有機物である。何も変わらないのだ。センチコガネにとって糞は、ただのエサでしかない。センチコガネは自分のことを美しいとも思っていないし、糞のことを汚いとも思っていないだろう。

センチコガネに余計な知能はない。ただ、本能でありのままに生きているのである。

だからね、汚いと思われても糞虫たちも、そのままでいいんだよ。

イエバエ

「五月蠅い」と書いて「うるさい」と読む。

ハエはうるさい存在だ。

これは、かの文豪の夏目漱石（なつめそうせき）の当て字だという。うまいことを言ったものである。

もともとは、騒がしいことを「五月蠅なす（さばえなす）」と言ったらしい。

それにしても、ハエはうるさい。

追い払っても追い払っても、ハエはやってくる。

ハエがいなければ、どんなに静かに暮らすことができるだろう。

神さまはどうして、こんなうざい生き物をお創りになったのだろう。

ハエはブンブンという羽音がうるさい。

じつは、ハエは一秒間に二〇〇回ものスピードではばたくことができる。そのため、ブーンという高い周波数のうるさい羽音を立てるのである。

一般的に、昆虫には翅（はね）が四枚ある。ところがハエには翅が二枚しかない。

翅は四枚あると安定するが、すばやく動かそうとすると邪魔になる。そのため、ハエは、翅をすばやく動かせるように、後ろの二枚の翅が退化してしまっているのである。

こうして翅を二枚に減らしたことによって、ハエは高速で翅を動かすことを可能にし、さらに小回りの利く飛行を可能にした。

そればかりか、退化した後ろの翅は、飛行を安定させるジャイロスコープのような役割を果たしている。そのため、ハエは、宙返りしたり、急旋回したり、まるでアクロバット飛行のように自由自在に飛びまわることができるのである。

ハエは、高い飛行能力を自らのものにしているのだ。

それだけではない。

ハエは、壁や天井に留（と）まることができる。天井ばかりか、つるつるした窓ガラスにも平気で留まっている。まるで重力など感じていないかのようである。

ハエは、どのようにして垂直な壁や天井に留まることができるのだろうか。

ハエの足先には細かい毛がたくさん生えているが、この毛からは、粘着力の強い分泌液が出ている。そのため、毛が吸盤のようになってハエの体を支えることができるのである。

さらに、ハエの足の先には、大切な役割がある。

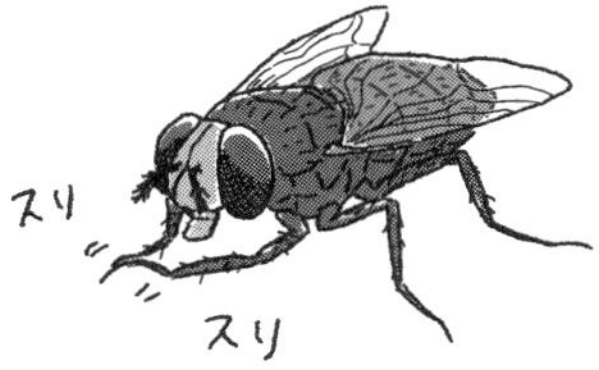

やれ打つな蠅（はえ）が手をする足をする　（小林一茶）

俳人、小林一茶が詠んだように、確かに、ハエを叩（たた）こうとすると、まるで懸命に命ごいをしているかのように、手をすり合わせているように見える。

ハエの足の先の毛は味覚のセンサーにもなっていて、ハエは、エサに留まって足先で味を確認することで、エサかどうかを判断しているのだ。高度なセンサーとなっているのだ。

ハエが手足をこすっているのは、味覚の感度が鈍くならないように、手入れを怠らないのである。

ハエは高度な飛行技術と高度なセンサーを持っているのだ。

だからね、うるさいと言われても、イエバエも、そのままでいいんだよ。

ゴキブリ

ゴキブリは嫌われ者である。

見つかれば、悲鳴を上げられて、丸めた新聞紙で叩かれる。

別に人間に危害を加えるわけでもなければ、毒を持っているわけでもない。

それでも、多くの人はゴキブリが嫌いだ。この世からゴキブリがいなくなってほしいと、だいたいの人が願っている。そして、今日も新聞紙を丸めてゴキブリを叩き続けるのだ。

ゴキブリと人間が共存できるはずがない。

神さまはどうして、こんな嫌われる生き物をお創りになったのだろう。

よく知られていることだが、ゴキブリは三億年以上も前の古生代から、今とほとんど変わらない姿で地球に存在していた。ホモ・サピエンスと呼ばれる人類が現れたのは、およそ二〇万年前のことだから、人類はゴキブリの一〇〇〇分の一にも満たない時間しか地球上に存在していないことになる。ゴキブリは、人類よりも、ずっと先輩なのだ。

三億年前というが、それは恐竜も存在していなかった昔の話である。

それから、地球には大きな環境の変化が何度もあった。そのたびに、多くの生物が絶滅する「大絶滅」と呼ばれる事件が起こったのである。

ゴキブリの誕生は古生代の石炭紀（三億五〇〇〇万～二億九九八万年前）であると言われる。

第2章でも紹介したように、たとえば、石炭紀の後のペルム紀（二億九九〇〇万～二億五一〇〇万年前）には、地球史上最も激しい火山活動とそれに伴う大規模な気候変動がおきた結果、史上最大の大絶滅が起こっている。何と、地球の生き物の九〇パーセント以上が絶滅したというから、すごい。この大絶滅で、かつて古生代の海に繁栄していた三葉虫が絶滅したと言われている。そして、この大絶滅を生き残った恐竜の祖先が、後に活躍することになる。

古生代に続く中生代三畳紀（二億五一九〇万〜二億一三〇万年前）にも、大絶滅があった。このときに、爬虫類の多くが絶滅したと言われている。そして、二度の大絶滅で、生き残った恐竜がは爬虫類にかわって繁栄していくことになるのだ。

その後地球に君臨した恐竜も、白亜紀（一億四五〇〇万〜六六〇〇万年前）の終わりにすべて絶滅をした。小惑星が地球に衝突したことが原因であると言われている。

こうして、地球では繰り返し多くの生き物が滅び、そして、新たな生き物たちが進化を遂げていった。

この大絶滅という大事件をゴキブリは生き抜いてきたのである。それが「三億年前から存在していた」ということなのだ。もう、これは当たり前のことではない。すごいことだ。

それが人間の家に出没するゴキブリである。

ゴキブリの能力はすごい。もし、ゴキブリが人間と同じ大きさだったとしたら、どうだろう。

走る速度は、時速三〇〇キロメートルになる。さらに瞬発力に優れ、わずか〇・五秒で危険を察知し、迫りくる敵を紙一重で交わす。忍者のように音もなくわずかな隙間に忍び込むこともできるし、スパイダーマンのように壁や天井を進むこともできる。もちろん、空を飛ぶこともできるし、不死身と称される肉体を持つ。

まさに、無敵のスーパーヒーローだ。

スリッパで叩こうとしても、ゴキブリはいち早く危険を察知して逃げてしまう。ゴキブリのお尻には、細かい毛が無数に生えた尾葉と呼ばれる感覚器官が伸びている。この尾葉の毛で、わずかな気流の変化を感じとるのである。

しかも昆虫の体は、人間のように大きな脳が情報を処理するのではなく、複数の小さな脳や神経中枢を体の節目に分散させて、体の各部位が条件反射的に反応できるようになっている。そのため、危険に対して極めて敏速に行動することができるのだ。

不気味なことにスリッパで叩かれて頭がなくなっても、ゴキブリは残った胴体だけで逃げる。体を動かす命令系統が分散しているから、可能なのである。

おそらくは、こうした能力によって、ゴキブリは危険を察知し、危機を乗り越え、何度も大絶滅の時代を乗り越えてきたのだ。

とはいえゴキブリは、ずっと昔から変わらないわけではない。

森をすみかとしていたゴキブリは、人類が誕生すると、人類の住居をすみかとした。新石器時代や縄文時代には、すでに人類と共にゴキブリは暮らしていたという。

姿はほとんど変わっていないと言われるが、巧みに時代に適応しているのだ。

ゴキブリは、シーラカンスなどと同じ「生きた化石」である。じつは身近なところに生きた化石はいる。たとえば、シロアリやシミも古生代から姿が変化していない「生きた化石」である。

もっともシロアリも柱を食べて嫌われるし、シミも障子紙や本を食べてしまう。これらの「生きた化石」は、いずれも人間にとっては、害虫なのだ。しかし、三億年を生き抜くには、この図太さが必要ということなのだろう。

現在、人類が引き起こす環境破壊によって地球に大絶滅が引き起こされると指摘されている。

それどころか、人類さえも絶滅してしまうのではないかと心配されている。

それでもゴキブリは気にとめないようだ。おそらくは人類が地球から消え去ったとしても、ゴキブリは生き残ることだろう。

だからね、嫌われても、叩かれても、ゴキブリも、そのままでいいんだよ。

雑草

草むしりは本当にたいへんな作業である。

草むしりをしても、またしばらくすると雑草が生えてくる。

抜いても抜いても生えてくる。

それが雑草である。

少し草むしりをサボると、すぐに草ぼうぼうになってしまう。

結局、草むしりをやり続けなければならないのだ。

本当に雑草は困り者だ。


神さまはどうして、こんな厄介な生き物をお創りになったのだろう。


雑草は道ばたや畑、公園などありとあらゆる場所に生える。

しかし、考えてみてほしい。

道ばたや畑、公園など、雑草が生える場所は、植物が生えるのには適していない特殊な場所ばかりだ。そのため、ほとんどの植物は、そんな過酷な場所に生えることはできない。道ばたや畑、公園などに生えるた

めには、特殊な性質が必要なのである。

雑草と呼ばれる植物は、どれもそんな特殊な性質を持つものばかりである。雑草は特殊な環境に適応するために、特殊な進化を遂げた、特殊な植物である。

どんな植物でも雑草になれるわけではないのだ。

雑草だからといって、どんな場所でも生えることができるわけではない。

雑草の中でも、それぞれの種類ごとに、得意な場所は決まっている。

たとえば、道ばたのようによく踏まれる場所は、踏まれるのに強い進化を遂げた雑草が生えている。畑のように耕される場所では、耕されることに強い雑草が生えている。そして、公園のように草刈りされる場所では、草刈りされることに強い雑草が生えている。

雑草はどんな場所にでも生えているわけではない。

どの雑草も、ちゃんと、自分の強みを発揮できる場所に生えているのだ。

「雑草」とひとくくりにされることも多いが、実際には、さまざまな種類がある。そして、さまざまな個性があり、それぞれがその個性を活かして生きているのだ。

そもそも「雑草」とは、どのような意味なのだろう。

「雑」がつく言葉は、雑誌、雑学、雑貨などがあるが、いずれも「悪い」という意味はない。どちらかというと、たくさんのものがあるイメージだ。中国雑技団も悪い技をしているわけではなく、たくさんの技があるという意味である。

雑草という言葉も、「悪い草」という意味はない。「たくさんの草」という意味である。雑木林や雑魚と同じ意味なのだ。「雑」は多様性という意味なのである。

たくさんの草が、それぞれの個性を発揮して生えている。それが雑草である。

だからね、抜かれる雑草も、そのままでいいんだよ。

イルカは速く走れない

生き物たちの生き方は本当に個性的だ。

自然界には、さまざまな生き物たちがいる。

それぞれの生き物が自分の得意なところで暮らしている。

たとえば、足の速い生き物は、走りやすい広々とした場所で暮らしているし、木登りが得意な生き物は木の上で暮らしている。泳ぐのが得意な生き物は、海や川で暮らしているし、隠れるのが得意な生き物は岩陰など隠れるところが多い場所で暮らしている。

生き物にとって重要なこととは、「得意な場所で勝負する」ということだ。

海の中を自在に泳ぐことができるイルカも、陸に打ち上げられれば何もすることができない。どうして、イヌのように走れないのだろう、どうして鳥のように飛ぶことができないのだろう、そう思い悩んでも、苦しくなるだけだ。

イルカにとって大切なことは、速く走るための努力をすることではない。鳥のように飛ぶ練習をすることではない。速く水のあるところを探すことだ。そして、できるだけ早く水に潜るのだ。

イルカの生き方に学ぶこと

「苦手なところで勝負しない」「得意なところで勝負する」というのは、生き物の基本戦略だ。

私は、この生き物の戦略の基本をとても参考にしている。能力が発揮できないのは、努力が足りないのではなく、場所のせいかもしれないのだ。

とはいえ、場所のせいにして終わってはいけない。

もし、場所のせいなのだとすれば、どんな場所だったら能力を発揮できるのだろう。

そして、どんな場所だったら、努力を惜しまないのだろう。

それを探し続けるのだ。

もし、見つからないのであれば、さまざまなことを勉強するしかない。

もし、それが自分の場所だと思っても、本当は他にもっと適した場所があるかもしれない。


それを探し続けるのだ。

もちろん、場所といっても、引っ越そうとか、転校しようとかいうわけではない。

確かに、引っ越したり、転校したりした方が良いことがあるかもしれないが、私たち人間の社会は、さまざまな環境が作り出されている。あるいは、自分で環境を作り出すこともできる。

自分にふさわしい環境を自分で作ることも可能なのである。

足の遅いチーターはいない

「苦手なところで勝負しない」――「得意なところで勝負する」という生き物の基本戦略は、私たちが生きていく上でもとても参考になる。

ただし、気をつけなければいけないのは、それは、生き物の種類ごとの戦略ということだ。

たとえば、「海の中で速く泳ぐ」ことは、すべてのイルカが得意としていることだ。自分は泳ぐのが苦手だから、泳ぐこと以外で勝負しようというイルカはいない。

陸上を一番速く走る動物は、チーターだ。チーターは時速一〇〇キロメートル以上の速さで走ることができる。もちろん、チーターの足の速さも個体差はあるだろうが、走るのが苦手なチーターはいない。

人間の中には、泳ぐのが得意な人もいれば苦手な人もいる。練習しなくても足が速い人もいれば、どんなに練習しても足が遅い人もいる。

どうしてなのだろう。

どうして、人間にだけ、能力に差があるのだろう。

個性というやっかいなもの

私たちには、能力に差がある。

それは「個性」と呼ばれるものかもしれない。
私たちには、個性がある。
個性と言えばカッコいいけれど、能力の違いということは、優劣があるということだ。
頭の良い人とそうでない人がいる。運動神経の良い人とそうでない人がいる。
ときには、それは容姿の優劣だったりもする。
個性があるということは、「差」があるということなのだ。
しかも、個性は、努力だけでは変えられないときもある。
努力しても外見で敵わない人はいる。どんなに努力しても能力で敵わない人もいる。
どんなに努力しても、自分の性格が好きになれないこともある。
世界の人たちは、平等でありたいと思っているのに、実際には個性という差がある。
どうして神さまは、もっと平等な世界を創らなかったのだろう。
どうして神さまは、「個性」など生み出したのだろう。
どうして、私たちには、個性があるのだろう。

オナモミの個性

「オナモミ」という雑草がある。

トゲトゲした実が服にくっつくので「くっつき虫」や「ひっつき虫」とも呼ばれている。実を服につけて飾りにしたり、手裏剣のように投げ合って遊んだりした人もいるかもしれない。

オナモミのトゲトゲしたものは、タネではなく実である。この実の中にはタネが入っている。

オナモミの実の中には、二つの種子が入っている。

この二つの種子は性格が違う。二つの種子のうち、一つはすぐに芽を出すせっかち屋、そしてもう一つは、なかなか芽を出さないのんびり屋である。

このせっかち屋の種子とのんびり屋の種子は、どちらがより優れていると言えるだろうか？

早く芽を出した方が良いような気もするが、そうでもない。

急いで芽を出しても、成長に適した時期かどうかがわからないのだ。仮に適した時期だったとしても、問題はある。オナモミは雑草である。気まぐれな人間が、いつ草取りをするかわからない。その場合は、ゆっくりと芽を出した方が良いかもしれない。

早く芽を出す種子と、遅く芽を出す種子はどちらが優れているのだろう？

そんなことは、わからない。

早く芽を出す方が有利なときもあるし、遅く芽を出す方が成功するときもある。

だからオナモミは、性質の異なる二つの種子を用意しているのである。

自然界に答えはない

私たち人間は、状況判断を迫られるとどちらが優れているのか、比べたがる。

どちらが良いのか、答えを求めたがる。

しかし、実際には答えのないことが多い。

本当は答えなどないのに、人間はさも答えがあるようなフリをしている。そして、さもわかったようなフリをして、「これは良い」とか、「それはダメだ」と言っている。

わかったつもりでいるだけなのだ。
本当は答えなどない。
何が優れているかなど本当はわからない。
答えがないとすれば、どうすれば良いのだろうか。
それは簡単である。オナモミの例に見るように、両方用意しておけば良いのである。
答えがわからないから、たくさんの選択肢を用意する。
それが生物たちの戦略なのである。
生物がたくさんの選択肢を用意することは「遺伝的多様性」と呼ばれている。

タンポポの花は黄色い

しかし、不思議なことがある。
自然界の生物は遺伝的多様性を持つ。
それなのに、「みんなが同じ」という生き物も多い。
多少の個体差はあるものの、たとえば、ゾウはみんな鼻が長い。鼻が短いという個性はない。キリンもそうだ。首が短いキリンはいない。チーターはみんな足が速い。人間は足が速かったり、遅かったりするのに、チーターはどれも足が速い。どうして、足の遅いチーターはいないのだろう。

それはチーターにとって足が速いことが答えだからである。答えがあるときには、生物はその答えに向かって進化をする。獲物を追いかけて捕らえるチーターにとって足が速い方が有利である。「足が遅いよりも足が速い方が良い」というのが、チーターにとっての答えだ。だから、チーターの足の速さに個性はないのである。

ゾウも鼻が長いことが正解だ。キリンも首が長いことが正解だ。答えがあるときに、そこに個性は必要ないのである。

それでは答えがないときはどうだろう。何が正解かわからない。何が有利かわからない。そのときに生物はたくさんの答えを用意する。それが「たくさんの個性」であり、遺伝的な多様性なのだ。

いらない個性はない

人間も同じである。

人間の目の数は、二つである。そこに個性はない。答えがあるものに個性はないのだ。

しかし、人間の能力には個性がある。顔にも個性がある。性格にも個性がある。

生物はいらない個性は作らない。

個性があるということは、そこに意味があるということなのだ。

人間は足の速い人と、足の遅い人がいる。

それは、足の速さに正解がないからだ。

足が速い方がいいに決まっていると思うかもしれないが、そうではない。

生物の能力は「トレードオフ」と言って、どれかが良いとどれかが悪くなるようにバランスが取れている。たとえば、足が長ければ歩幅が大きくて速く走れるかもしれない。しかし、重心が高くなるので、不安定になって、転びやすくなるかもしれない。背が高ければ遠くまで見渡せて天敵を見つけやすいかもしれないが、草陰に隠れるときには、背が低い方がいい。

あちらを立てれば、こちらが立たず。

どちらが良いかわからないのであれば、どちらも用意しておくのが生物の戦略だ。

人間に足の速い人と足の遅い人がいるということは、足が速いことはそうでなければ生きていけないというほど重要ではないということだ。もちろん、足が速いことはすばらしいことだけれど、他の能力で足が遅いことはカバーできる。他の能力を捨ててまで、チーターのように人類みんなで足が速くならない方が良いというのが、おそらくは人間の進化なのだ。

ただし、それだけではない。

人類には人類の特殊な事情がある。

さらにヒトは助け合う

生物としての人間の強みは何だったろう。

一三七ページで紹介したように、それは、「弱いけれど助け合う」ということだ。

ふしぎなことに、古代の遺跡からは、歯の抜けた年寄りの骨や、足をけがした人の骨が見つかるらしい。つまり、狩りには参加できないような高齢者や傷病者の世話をしていたのだ。
人間は他の生物に比べると力もないし、足も遅い弱い生物である。だから知恵を出し合って生き抜いてきた。

知恵を出し合って助け合うときには、経験が大切になる。経験が豊富な高齢者や危険を経験した傷病者の知恵は、人類が生き抜く上で参考になったのだろう。色々な人がいれば、それだけ色々な意見が出るし、色々なアイデアが生まれる。

そうして、人類は知恵を出し合い、知恵を集めて、知恵を伝えて発展をしてきたのだ。

自然界は優れたものが生き残り、劣ったものは滅んでいくのが掟（おきて）である。

もっとも、何が優れているかという答えはないから、生物は多様性のある集団を作る。

しかし、年老いた個体や、病気やケガをした個体は、生き残れないことが多い。

しかし、人間の世界は、年老いた個体や病気やケガをした個体も、「多様性」の一員にしてきた。それが人間の強さだったのだ。

人間の世界には「弱い者をいじめてはいけない」とか、「人間同士で傷つけ合ってはいけない」とか、生物の世界とは違った法律や道徳や正義感がある。

残念ながら有史を振り返れば、人々が殺し合う戦争や弱い者が虐げられる歴史は繰り返されている。しかし、それでも人は、そのようなことは悪いことだ、人々は愛し合い助け合うのが本来の姿なのだと心の底で信じている。
それはけっして人間が慈愛に満ちた生き物だったからだけではない。それは長い人類史の中で人間が少しずつ培ってきたものでもある。そうしなければ人間は自然界で生きていけなかったのだ。

ダメだなぁと思うところもあるけれど、良いところもいっぱいある。
ダメだなぁと絶望しながらも、やっぱり理想を求めずにいられない。

人間もやっぱり、そのままでいいんだね。

第6章　あなたもそのままでいいんだよ

サルとヒトの境目

たくさんのものを用意しておく「多様性」。これが自然界に生きる生物の戦略である。私たち人間も多様性は重要だと知っている。個性が大事だとも思う。

ところが、問題がある。

人間の脳には限界がある。そのため、人間の脳は、自然界に起こる複雑なものを、できるだけ単純化することで理解する仕組みを発達させてきた。

そのため、人間の脳は、本当は複雑なものが苦手なのである。

第3章でも述べたが、そんな人間の脳が大好きなことの一つが、線を引いて区別することである。

たとえば、虹は紫色から赤色までのグラデーションである。しかし、それでは気持ちが悪いから、途中で線を引いて区別をして、虹は七色と決めている。そうすれば、虹を認識しやすいし、絵で描くときも描きやすくなる。線を引いて区別することで扱いやすくなるのだ。

何の境目がない大地にも、自分の土地とそうでない土地に境界を作る。市町村の境を作り、都道府県の境を作り、国と国の境も作る。「地球出身の地球人です」というより、「私は日本人で、あなたはアメリカ人」だとか「私は東京に住んでいて、大阪を旅行してきました」と言うほうがわかりやすい。こうして区別することで、人間にとってはわかりやすくなり、扱いやすくなるのだ。

「区別すること」は、人間の脳が理解するために人間が作り出した仕組みである。

人間はサルから進化したとされているが、サルのお母さんから、いきなり人間の赤ちゃんが生まれたわけではない。サルと人間の境目はないのだ。すべての生命はルカと呼ばれる最初の生命体を共通祖先に持つという。そうだとすると、すべての生物に境目はない。動物と植物との間にも、何の境目もないことになる。

本当は何の境目もないのだ。

しかし、「動物と植物は同じです」では人間の脳は納得できない。「生き物園に行って、生き物を見て、帰ってから生き物に水をやって、生き物を食べました」では不都合だから、「動物園に行ってキリンを見て帰ってから、植物に水をやって、魚を食べました」と生き物を区別する。線を引いて区別することで、人間の脳にとっては、格段に理解しやすくなり、格段に扱いやすくなるのだ。

人間の大好きな物

他にも、人間の脳が好きなことがある。

先にも書いたようにそれは比べることだ。

たとえば動物だって、比べることはある。

サルであれば、二つの果物を比べて大きい方を食べることもあるだろうし、二つの枝を比べて、より近い方に跳び移るということもあるだろう。

しかし、果物は二つを並べてみなければ比べにくいし、枝までの距離は、枝の数が多くなると、どれが近いか、わからない。

そこで人間は、よりよく比べるために、すごいものを発明した。それが「ものさし」と「数字」である。

基準となるものさしがあれば、遠く離れた果物でも比較することができる。さらには、数字で表わせば、さまざまな果物の大きさを比べることができる。

この「ものさし」と「数字」は、とても便利である。「ものさし」と「数字」の発明によって、人間の脳は、自然界のあらゆるものを理解することが可能になり、文明や文化を発達させることができるようになった。

もう人間にとって、「ものさし」と「数字」は、手放すことのできないものだ。

これさえあれば、何でも理解することができる。

少なくとも、「ものさし」と「数字」さえあれば、人間はわかった気になることができるのである。

そして、人はそろえたがる

私たち人間の世界は、線を引き区別をし、ものさしと数字で比べることで作られた。

こうして、私たちは発達をしてきたのだ。

一方、自然界の生物はばらつきたがる。均一にそろってしまうと、全滅してしまう恐れがあるからだ。答えのないものには、たくさんの選択肢を用意しておきたい。それが、生物の戦略である。だから、生物は努めてそろわない。

ロボットのように、同じものばかりが作られるということはない。

野菜は植物だから、大きいダイコンや小さいダイコンができる。太いダイコンも細いダイコンもある。長いダイコンも短いダイコンもある。

しかし、人間の世界ではそれでは不便である。

だから人間は、ダイコンの大きさをそろえようとする。

そして、同じ大きさのダイコンを作り、同じ大きさのダイコンを箱詰めして、同じ値段をつけて野菜売り場に並べるのである。

生物は多様性を求めてばらつきたがるのに、人間は均一を求めてそろえたがるのだ。

もっとも、野菜は人間が守ってくれるから全滅するようなことは起きにくい。

野菜にとっては、人間が求めるものが「答え」である。

そのため、人間の品種改良や栽培技術にしたがって、均一にそろうような性質を発達させている。

野菜たちは、それでいい。

しかし、他にも人間の作りだした世界の枠組みに合わせて暮らしている生物がいる。

その一種が人間である。

人間も生物だから、ばらつきたがる。そして、個性もある。

しかし、人間の脳はそろえたがる。

多様性が大事だ、個性が大切だとわかっているつもりでも、本当は個性なんかない方が理解しやすいと脳は感じている。

だから、人間の個性はやっかいなのだ。

遺伝子には逆らえない

個性はどのように生み出されるのだろうか。

この個性を生み出すものが遺伝子である。

遺伝子は、両親から授かるものだ。

子どもと親とが寝相がそっくりなことがある。親が教えてもいないのに同じようなしぐさを見せることがある。

自分が大好きだったものが、「死んだおじいちゃんも好きだった」と言われて、驚くこともある。

自分固有のものだと思っていても、やはり遺伝子は祖先から引き継いだものなのだ。

運動会にそなえて一生懸命練習してもいつもビリな人と、何の練習もしていないのに、もともと走るのが速い人がいる。

暗記しようと苦労しても、ぜんぜん覚えられない人と、「知らない間に覚えちゃう」と、のたまう人がいる。

ほとんどが遺伝子のなせる業だ。

遺伝子には逆らえない。
私たちが悪いのではない。すべては祖先から受け継いだ遺伝子が悪いのだ。
とりあえずは、すべて遺伝子のせいにしてしまおう。
そして、足の遅い遺伝子なのに、それに逆らうことはやめにしよう。
暗記できない遺伝子なのに、無理に逆らうこともやめにしよう。
全部、遺伝子が悪いのだ。

それでも努力は無駄ではない

それでは、すべての努力は無意味なのだろうか。

もちろんそうではない。

遺伝子とは何だろう。
それは冷蔵庫の中身のようなものだ。

冷蔵庫の中にキャベツが入っている人もいる。入っていない人もいる。冷蔵庫が詰まっている人もいるし、冷蔵庫に少ししか入っていない人もいる。

しかし、問題なのは冷蔵庫の中身ではない。

それで、どんな料理を作るかだ。

冷蔵庫にキャベツが入っていなくても、ケーキを作るのであれば、何の問題もない。カレーライスだって作ることができる。お好み焼きを作りたいと強く望めば、キャベツ抜きではお好み焼きを作れずに、悩み苦しむかもしれない。ただそれはお好み焼きを作ろうとするのが悪いのだ。カレーライスを作って、デザートにケーキを作れば良いだけの話だ。

もちろん、冷蔵庫の中にたくさん物が入っていれば良いというものではない。たくさん入っていれば何でも作ることができるかもしれないが、料理を作るときに必要な食材は、限られているからだ。たくさん入っていると、何を作れば良いか悩んでしまうかもしれないし、使わない食材も多い。問題なのは、食材の量ではないのだ。

冷蔵庫の中身が決まっているのであれば、悩んでも仕方がないような気がするかも知れない。悩み苦しんで努力をしてみても、冷蔵庫の中身が増えるわけではないからだ。

しかし、そうではない。

じつは冷蔵庫の中に何が入っているかは、誰にもわからない。

冷蔵庫を開けて、料理を作ってみないとわからないのだ。

レシピを見て材料をそろえてみたときに、食材が足りないことに気がつくかもしれない。料理を作り始めてから、材料が足りないことに気がつくかもしれない。

しかし、料理を作り始めないと、どんな食材があるのかわからない。だから、色々な料理をとりあえず、作ってみる必要があるのだ。

学校でたくさんの勉強やたくさんの経験をしなければならない理由が、まさにそこにある。

自分の冷蔵庫には何が入っているのか。何ができて、何ができないのかを見極める、それがさまざまなことを勉強する理由なのである。

学校で習うことは好きなことも嫌いなこともある。簡単にできる得意なことも、努力してもなかなかできない苦手なこともある。それでも、やってみなければ、わからない。勉強するということは、冷蔵庫の中身を見てみるということなのだ。

自分の遺伝子との付き合い方

それでは、苦手だとわかった勉強については、やめてしまって良いものだろうか。そもそも、勉強そのものが苦手ということもある。もし、それに気がついたとしたら、もう勉強しなくても良いのだろうか。

もちろん、そうではない。

「勉強が苦手だ」と気がつくことは良いことだ。

中には勉強が好きな人もいる。短い勉強時間でも、理解ができてしまう人もいる。まず、大切なことは、勉強が苦手だと思ったら、勉強が好きな人とはまともに勝負をしないことだ。

ただ、残念ながら、現代では入学試験があって、勉強が好きな人と勝負しなければならないことがある。それはルールだから、仕方がない。勉強が好きな人と勉強時間を競ったり、短い勉強時間でわかってしまう人をうらやむことはやめて、スポーツと同じゲームだと割り切ることだ。スポーツは、弱いチームが負けるとは限らないところに面白さがある。弱いチームには弱いチームの戦い方があるのだ。


苦手科目を勉強しなければならない本当の理由は、入学試験に合格するためではない。私たちは料理を作るのだ。

そのために、冷蔵庫の中にたくさんの食材を詰めて、この世に送り出されたのだ。


しかし、冷蔵庫の中に入っていないものもある。

たとえば、調味料がそうだ。砂糖や塩やコショウなどの調味料は、もしかするとテーブルの上に置いてあるかもしれない。

そんな冷蔵庫の外にあるものは、冷蔵庫の中をいくら探しても見つからない。

たとえば、教科書に書いてある知識は、これまで人類がさまざまな研究や体験をして、集めてきたものだ。生まれたばかりの赤ちゃんは、漢字も知らなければ、何の英単語も数式も知らない。つまり、教科書に書いてあることは、冷蔵庫の外にあるものばかりなのだ。

料理をするときには、調味料がものを言う。

砂糖や塩しかないよりも、醬油（しょうゆ）やみりんがあれば、味が深まる。スパイスやハーブなどがあれば、料理のレベルはグッと上がるだろう。粉チーズやナンプラーなどは、どうだろう。使わないかもしれないが、料理によっては必要な調味料だ。

もちろん、たくさん集めても、使わない調味料もあることだろう。

勉強も同じだ。たくさん勉強しても、使わないことも多い。

しかし、それでも調味料はたくさん集めておいた方が良い。

手元に集めなくても、調味料の種類と調味料がある場所は知っておいた方がいい。手元に粉チーズがなくても、机の上に粉チーズがあることを知っていれば、また、探しに行くことができる。

勉強も同じで、そのときはわからなくても、後から勉強してみようと思うこともある。

しかし、机の上に粉チーズがあることを知っている人は、何も知らない人よりも早く粉チーズを見つけることができる。

勉強するということは、そういうことなのだ。

あなただけの遺伝子

どんなに嫌がってみても、あなたは両親と似ている。

どんなに恨んでみても、あなたの遺伝子は祖先から引き継いだものである。

それでは、あなたの遺伝子とはいったい何なのだろうか？

たとえ他の人と似ているところがあったとしても、あなたの遺伝子はあなた自身のものである。

この地球に生まれたあなたの個性は、世界でたった一つのものである。同じ個性は二つとない。

たとえば、私たちは一人ひとり顔が違う。

両親と顔が似ていると言われても、まったく同じではない。

世の中にはそっくりさんがいるかもしれないが、まったく同じ顔の人はいない。とはいえ、世界には何十億人もの人が暮らしている。そして、人類は何百万年も世代をつないできた。本当に世界中探しても、人類の歴史を遡っても、同じ個性は二つとないのだろうか。

私たちの個性はどのようにして生み出されるのだろうか。

あなたがあなたである確率

少しおおざっぱに、単純な仕組みで考えてみることにしよう。

私たちの特徴は、すべて遺伝子によって決まる。

人間は、およそ二万五〇〇〇の遺伝子を持っているとされている。この二万五〇〇〇の遺伝子の違いによって、さまざまな特徴が生み出されるのである。

この遺伝子が集まって、染色体が作られている。

人間には四六本の染色体がある。染色体は二本で一組の対になっているので、人間には二三対の染色体があることになる。

子供は親から、二本ある染色体のうちのどちらかを引き継ぐ。そして、父親から一本、母親から一本の染色体を引き継いでいきながら、二三対の染色体を作るのである。

それでは、このたった二三対の染色体の組み合わせの違いだけで、どれだけの多様性を作りだせるのだろうか。

一番目の染色体で、片親の持っている二つの染色体のどちらを選ぶかは二通りである。二番目の染色体で、どちらを選ぶかも二通りである。つまり、一番目の染色体と二番目の染色体の組み合わせは二×二の四通りとなる。

三番目の染色体の選び方も二通りだから、組み合わせは二×二×二の八通りとなる。

こうして二三対の染色体からどちらかを選んでいくと、二×二×二×……が二三回繰り返されて、八三八万通りになる。つまり、あなたが選んだ染色体の組み合わせは八三八万分の一の確率なのだ。

もちろんこれは片親だけである。

この組み合わせが、父親と母親のそれぞれに起こるので、組み合わせの数は八三八万

×八三八万となり、七〇兆を超える組み合わせができることになる。

つまりあなたが選んだ染色体の組み合わせは七〇兆分の一なのだ。

現在、世界の人口は八〇億人であるが、両親が持つ、たった二三対の染色体の組み合わせだけでも世界人口の一〇〇〇倍近い多様性を生み出すことができるのだ。

それだけではない。

二つの染色体の一つを選び出す過程で、染色体と染色体の間で、染色体の一部が交換されてしまうこともある。そうなれば、組み合わせは無限大である。

さらに、父親と母親の染色体の組み合わせが作られるときに、このDNAは、ところどころで変化することが知られている。つまり、両親の遺伝子の組み合わせだけではなく、あなただけのオリジナルの遺伝子が作られるのである。

この世に一つしかないもの

あなたがものすごい低い確率の組み合わせで生まれたように、あなたの両親もものすごい低い確率の中で生まれてきたオリジナルの存在である。

もちろん、あなたのおじいさんとおばあさんも、そんな唯一無二の存在だし、あなたの祖先もすべて、唯一の存在だ。

その世界で唯一の存在が何度も何度も、宝くじの一等が当たるよりもはるかに低い確率で繰り返し繰り返し組み合わされて、あなたがいる。

これは、もう奇跡としか言いようのない出来事だ。

この世に生まれてきたあなたは、もう宝くじが当たらなくても嘆く必要はない。何しろあなたは、もう宝くじの一等に当たり続けてきたような幸運の持ち主なのだ。


「希少価値」という言葉がある。

数が少ないものは、それだけ貴重で価値があるということである。

「世界に一つしかない」となれば、それは相当に高い価値だ。

そして、あなたは、間違いなく、この世界で唯一の存在である。

世界どころではない。

たとえ広い宇宙のどこかに異星人がいたとしても、あなたはこの宇宙で唯一の存在です。

あなたは生まれながらにして、この宇宙で唯一無二の存在なのだ。


どんなに努力しても、あなたは自分以外の人になることはできない。

自分は、自分でしかないのだ。自分にしかなれないのだ。

そうだとすれば、あなたはあなた自身になるしかない。

あなたにできることは、あなたであることを磨き、あなたであることを完成させることだけなのである。

そうだとすれば、どうだろう。

やっぱり、あなたはあなたであることに価値がある。

それが、あなたの価値である。

だからね、

何があっても、
何を言われたとしても、
自分がどんなに嫌いでも、
あなたはあなたでいいんだよ。

そして、あなたのままがいいんだよ。

おわりに

この本を書いていて気づいたことがある。

それは、この世の中につまらない生き物などいないということだ。

つまらないように思える生き物たちは、つまらないと思っている人間がつまらないだけなのだ。

三八億年の歴史の中で、生物はさまざまに進化を遂げてきた。

今、私たちの目の前に存在する生き物たちは、どれも進化の最先端である。

そんな生き物たちが、つまらないはずがない。

しかし、一種類だけ、本当につまらない生き物を見つけてしまった。

「ヒト」である。

ヒトは、ライオンのように強くもない。ウマのように速く走ることもできない。

本当につまらない生き物だ。

それだけではない。

争いあったり、憎みあったり、挙げ句の果てに戦争を起こしてみたりもする。

欲深くて、自分勝手で、地球環境を勝手に壊していく。

他の優れた生物たちから見れば、人間は本当にダメでつまらない存在なのではないだろうか。


神さまはどうして、こんなつまらない生き物をお創りになったのだろう。


ゾウは鼻が長い動物である。

ゾウは鼻が長くなる進化を遂げてきた。


キリンは首が長い動物である。

キリンは首が長くなる進化を遂げてきた。

それでは人間はどうだろう。

「人間は知能に優れた動物である」

私たち人間は、ずっとそう思ってきた。

しかし、本当はそうではないらしい。

じつは、最近の研究では、私たちホモ・サピエンスと呼ばれる人類以外にも、さまざまな人類がいたことが明らかになってきたからだ。

たとえば、ネアンデルタール人は、約四万年前までいたホモ・サピエンスとは異なる進化を遂げた人類である。ネアンデルタール人は、ホモ・サピエンスよりも体力に優れていた。それどころか、知能もホモ・サピエンスよりも高かったのではないかと考えられている。

それなのに、ネアンデルタール人は絶滅し、今、地球では私たちホモ・サピエンスだけが生き残っている。

　どうして、私たちホモ・サピエンスは、生き残ることができたのだろう。

　その答えはこうである。

「ホモ・サピエンスは弱くて助け合う存在である」

　ホモ・サピエンスは、とても弱い生き物だった。だからいつも助け合って困難を乗り越えてきた。お互いに助け合うために言葉を発達させ、お互いに知恵を出し合って道具を発達させた。そして、ホモ・サピエンスは生き残ったのである。

　言葉も道具も誰かを攻撃するためのものではない。助け合うためのものなのだ。

　しかし、言葉や道具は、武器にもなる。私たちはいつしか自分たちが弱くて助け合わなければならないことを忘れてしまった。そして、あたかも強い存在であるかのように、振る舞い始めたのである。

そして、私たちは戦争を起こしては人を殺し、環境を破壊しては多くの生物の命を奪っている。

本当は、私たちは弱い存在である。
弱いからヒトは助けあった。
そして弱いから、ヒトは強く生きることができた。
弱くて助け合うからこそ、私たちヒトは、すばらしい存在なのだ。

だからね、強がらなくてもいいんだよ。
弱くても、いいんだよ。
誰かに助けを求めてもいいんだよ。

そして、あなたは、あなたのままでいいんだよ。

最後に本書の出版にあたりご尽力いただいた吉澤麻衣子さんに謝意を表します。

chikuma primer shinsho

ちくまプリマー新書425

ナマケモノは、なぜ怠けるのか？　生き物の個性と進化のふしぎ

二〇二三年五月十日　初版第一刷発行

著者　稲垣栄洋（いながき・ひでひろ）

装幀　クラフト・エヴィング商會

発行者　喜入冬子

発行所　株式会社筑摩書房
東京都台東区蔵前二‐五‐三　〒一一一‐八七五五
電話番号　〇三‐五六八七‐二六〇一（代表）

印刷・製本　中央精版印刷株式会社

ISBN978-4-480-68450-9 C0245 Printed in Japan